Sam Ang Keo

Comportement au Feu des Structures Métalliques

Sam Ang Keo

Comportement au Feu des Structures Métalliques

Influence de pieds de poteaux sur la stabilité globale de structure, Modélisation par MEF

Presses Académiques Francophones

Impressum / Mentions légales
Bibliografische Information der Deutschen Nationalbibliothek: Die Deutsche Nationalbibliothek verzeichnet diese Publikation in der Deutschen Nationalbibliografie; detaillierte bibliografische Daten sind im Internet über http://dnb.d-nb.de abrufbar.
Alle in diesem Buch genannten Marken und Produktnamen unterliegen warenzeichen-, marken- oder patentrechtlichem Schutz bzw. sind Warenzeichen oder eingetragene Warenzeichen der jeweiligen Inhaber. Die Wiedergabe von Marken, Produktnamen, Gebrauchsnamen, Handelsnamen, Warenbezeichnungen u.s.w. in diesem Werk berechtigt auch ohne besondere Kennzeichnung nicht zu der Annahme, dass solche Namen im Sinne der Warenzeichen- und Markenschutzgesetzgebung als frei zu betrachten wären und daher von jedermann benutzt werden dürften.

Information bibliographique publiée par la Deutsche Nationalbibliothek: La Deutsche Nationalbibliothek inscrit cette publication à la Deutsche Nationalbibliografie; des données bibliographiques détaillées sont disponibles sur internet à l'adresse http://dnb.d-nb.de.
Toutes marques et noms de produits mentionnés dans ce livre demeurent sous la protection des marques, des marques déposées et des brevets, et sont des marques ou des marques déposées de leurs détenteurs respectifs. L'utilisation des marques, noms de produits, noms communs, noms commerciaux, descriptions de produits, etc, même sans qu'ils soient mentionnés de façon particulière dans ce livre ne signifie en aucune façon que ces noms peuvent être utilisés sans restriction à l'égard de la législation pour la protection des marques et des marques déposées et pourraient donc être utilisés par quiconque.

Coverbild / Photo de couverture: www.ingimage.com

Verlag / Editeur:
Presses Académiques Francophones
ist ein Imprint der / est une marque déposée de
OmniScriptum GmbH & Co. KG
Heinrich-Böcking-Str. 6-8, 66121 Saarbrücken, Deutschland / Allemagne
Email: info@presses-academiques.com

Herstellung: siehe letzte Seite /
Impression: voir la dernière page
ISBN: 978-3-8381-4446-7

Copyright / Droit d'auteur © 2014 OmniScriptum GmbH & Co. KG
Alle Rechte vorbehalten. / Tous droits réservés. Saarbrücken 2014

REMERCIEMENT

Je soussigné **KEO Sam Ang**, **Docteur en Génie Civil** de l'Université Lille Nord de France, ayant fini le master recherche 2 en Mécanique et Génie Civil à l'INSA de Rennes, tiens à remercier chaleureusement, avec l'expression de mes sentiments distingués, mes parents qui m'ont donné naissance, soin, des aides et des conseils précieux régulièrement me faisant fort comme maintenant et capable de vaincre tous les obstacles et de réaliser mon but dans la vie.

J'exprimerais mon remerciement profondément à **M. Christophe RENAUD**, responsable de mon stage de recherche au **C**entre **T**echnique **I**ndustriel de la **C**onstruction **M**étallique (**CTICM**), qui m'a donné des conseils et des explications très clairs sur toutes mes curiosités sur mon sujet de stage me permettant d'effectuer mon stage efficacement à partir de début jusqu'à la fin.

Je tiens à remercier infiniment **M. Mohammed HJIAJ**, professeur à l'INSA de Rennes et mon responsable de stage de master recherche, qui m'a aidé à trouver le sujet de stage et m'a donné de recommandation essentielle et nécessaire pour le parcours de mes études à l'INSA.

Un merci inoubliable à **M. Bin ZHAO**, chef de recherche du service d'incendie au CTICM, pour m'avoir autorisé de faire mon stage de master au CTICM.

Un merci spécial à **M. Juan MARTINEZ,** directeur des relations internationales et professeur à l'INSA de Rennes, pour l'attestation de d'inscription et les autres procédures pour faire mes études à Rennes.

Je tiens à remercier particulièrement le gouvernement français pour une bourse d'études de master recherche 2 me permettant de faire mes études à l'INSA jusqu'à la fin.

Enfin, je tiens à remercier sincèrement tous ceux pour m'avoir assisté en donnant de bonnes idées, des encouragements indispensables, des générosités.

RESUME

Cet ouvrage porte sur la résistance des pieds de poteaux articulés et son influence sur le comportement au feu de portiques en acier.

Ce travail commence par modélisation numérique des pieds de poteaux articulés à l'aide du logiciel LENAS-MT et faire valider ce modèle par comparaison avec résultats des essais réalisés à froid, puis on utilise ce modèle à chaud pour étudier l'influence des pieds de poteaux articulés sur le comportement au feu d'un portique en acier. A cet effet, on analyse sur l'instabilité de ce portique en acier dans les trois cas de pieds de poteaux : parfaitement articulés, parfaitement encastrés, et pieds articulés modélisés.

En conclusion, on obtient que dans le cas de pieds de poteaux articulés modélisés, le portique soumis au feu se comporte à la fin même que dans le cas de pieds parfaitement encastrés.

Mots clés : pieds de poteaux articulés, comportement au feu, portique en acier.

ABSTRACT

This study focuses on the strength of pin-joint column base and its effects on the thermal behavior of metal portal frame.

This work starts with numerical modeling of pin-joint column base using LENAS-MT program and makes it validated by comparing with the results of the tests and atmosphere temperature, and then we use this model in fire to study about the influence of the pin-joint column base on the thermal behavior of a metal portal frame. For this reason, we analyze on the instability of this portal frame in 3 different cases of column base: perfectly pin-joint, perfectly fixed base and pin-joint modeled.

As a conclusion, we found that in the case of pin-joint modeling column base, the portal frame behave finally the same as in the case of fixed base.

Key words: pin-joint column base, thermal behavior, metal portal frame.

TABLE DES MATIERES

TITRES *PAGES*

REMERCIEMENT..
RESUME...
TABLE DES MATIERES...
LISTE DES ILLUSTRATIONS ....
LISTE DES TABLEAUX...
LISTE DES ANNEXES ....

INTRODUCTION GENERALE...01

CHAPITRE 1
ETUDES BIBLIOGRAPHIQUES...03

I. INTRODUCTION...03
II. GENERALITES...03
   II.1. Incendie Réel et Incendie Normalisé.............................03
   II.2. Notion de Résistance au feu..07
III. PROPRIETES AUX TEMPERATURES ELEVEES DES ACIER DE CONSTRUCTION...09
   III.1. Propriétés thermo-physiques des aciers......................09
   III.2. Caractéristiques mécaniques des aciers au carbone.........13
IV. METHODES DE CALCUL POUR LES ELEMENTS DE SRUCTURE METALLIQUES SOUMIS AU FEU..................17
   IV.1. Actions mécaniques (Charges appliquées).....................17

i

IV.2. Calcul de l'échauffement des éléments de structures en acier……………………………………………………………………19
IV.2.1. Principaux paramètres de la méthode de calcul simplifiée……………………………………………………………20
IV.2.2. Echauffement des éléments en acier non protégé………..21
IV.3. Résistance au feu des structures en acier……………..……….25
IV.3.1. Modèles de calcul simplifiés……………………………...25
IV.3.2. Modèles de calcul avancés………………………………..29
V. PIEDS DE POTEAUX EN ACIER……………………………………..32
V.1. Dispositions constructives des pieds articulés………………32
V.2. Modes de ruine…………………………………………..……..34
V.3. Résistance des pieds de poteaux articulés en acier…………..36
V.3.1. Expérimentation à froid……………………………………36
V.3.2. Méthode de dimensionnement……………………………..38
V.3.3. Méthode de calcul de la résistance et de la rigidité des pieds de poteaux………………………………………………….39
VI. CONCLUSION……………………………………………………..…..45

CHAPITRE 2
MODELISATION NUMERIQUE DES PIEDS DE POTEAU ARTICULES ET VALIDATION PAR COMPARAISON AUX RESULTATS D'ESSAIS REALISES A FROID……………………………47

I. MODELISATION NUMERIQUE DES PIEDS DE POTEAU……...47
II. COMPARAISON DE LA MODELISATION AVEC LES RESULTATS D'ESSAIS……………………………………………52
II.1. Présentation succincte des essais……………………………...52
II.2. Modalités des simulations……………………………………..53

II.3. Résultats et analyse des simulations numériques..............55
II.3.1. Mode de ruine des pieds de poteaux 55
II.3.1.1. *Massif de béton*..55
II.3.1.2. *Tiges d'ancrage*..57
II.3.1.3. *Platine soudée au profilé*....................................59
II.3.1.4. *Profilé métallique*...62
II.3.1.5. *Conclusion*..63
II.3.2. Moments résistants des pieds de poteau......................63
II.4. Conclusion sur la validité de notre modèle......................68

CHAPITRE 3
INFLUENCE DES PIEDS DE POTEAUX ARTICULES SUR LE COMPORTEMENT AU FEU DE PORTIQUES EN ACIER.............69

I. PRESENTATION DE LA STRUCTURE ETUDIEE ET HYPOTHESES DE CALCUL..69
  I.1. Caractéristiques géométriques du portique......................69
  I.2. Caractéristiques des pieds de poteaux en acier du portique étudié..71
  I.3. Chargement et combinaison d'actions............................71
  I.4. Hypothèses de calcul...72
II. COMPORTEMENT AU FEU DU PORTIQUE EN CONSIDERANT DES PIEDS PARFAITEMENT ARTICULES ET ENCASTRES.....76
III. COMPORTEMENT AU FEU DU PORTIQUE EN CONSIDERANT DES PIEDS DE POTEAUX EN ACIER SEMI-RIGIDES...........80
  III.1. Détail de la modélisation des pieds de poteaux................80
  III.2. Caractérisation des paramètres définissant le comportement des pieds de poteaux..81

III.3. Résultats des simulations numériques............................84
IV. ANALYSE DE L'INFLUENCE DES PIEDS DE POTEAUX SUR LE COMPORTEMENT AU FEU DU PORTIQUE 85
    IV.1.Comparaison des simulations en fonction des conditions d'appuis en pied de poteau……………………………………85
    IV.2. Analyse du comportement et de la résistance des différentes composantes des pieds de poteaux……………………….87
    IV.2.1. Analyse sur le béton du massif……………………….88
    IV.2.2. Analyse sur le béton de la chape……………………..89
    IV.2.3. Analyse sur les tiges d'ancrage………………………91
    IV.2.4. Analyse sur le comportement de la platine……………….93
V. VERIFICATION DE L'ARTICULATION ET DE L'ENCASTREMENT DES PIEDS DE POTEAUX PAR VARIATION DES CARACTERISTIQUES DES RESSORTS………………..96
    V.1.Procédure de transformation des pieds de poteaux en articulation et en encastrement………………………….96
    V.2. Analyse sur instabilité au feu du portique en acier…………97
    V.3. Analyse sur le comportement de la platine…………………99
VI. CONCLUSION……………………………………………………101

CONCLUSION ET PERSPECTIVES..103

REFERENCES..105
ANNEXES..

LISTE DES ILLUSTRATIONS

FIGURES   *PAGES*

Figure 1 : Courbe d'incendie réel…………………………………. 5

Figure 2 : Evolution de la température des gaz engendrés par l'incendie en fonction des différentes courbes normalisées………………………………………………. 7

Figure 3 : Schéma illustratif des critères de résistance au feu.. 8

Figure 4 : Variation de la conductivité thermique en fonction de la température…………………………………. 11

Figure 5 : Variation du coefficient de dilatation thermique du béton et de l'acier………………………………. 12

Figure 6 : Variation de la chaleur spécifique en fonction de la température………………………………………. 13

Figure 7 : Réduction des propriétés mécaniques de l'acier en fonction de la température………………………... 15

Figure 8 : Relations contrainte-déformation pour l'acier au carbone aux températures élevées………………… 16

Figure 9 : Détermination de la massiveté…………………. 21

Figure 10 : Montée de température dans la structure en acier.. **24**

Figure 11 : Procédure de calcul pour le calcul de la résistance au feu des éléments en acier, sur la base des modèles de calcul simplifiés……………………….. **29**

Figure 12 : Décomposition de déformation du matériau dans la modélisation numérique………………………… **30**

Figure 13 : Modèle de matériau cinématique pour tenir compte de l'évolution de température…………… **31**

Figure 14 : Pied de poteau avec platine seule, avant remplissage de l'alvéole……………………… **32**

Figure 15 : Platine d'extrémité et plaque d'assise…………… **33**

Figure 16 : Cornière et plaque d'assise ……………………… **33**

Figure 17 : Platine d'extrémité, plat intermédiaire et plaque d'assise………………………………………… **34**

Figure 18 : Différents modes de ruine du pied de poteau…… **35**

Figure 19 : Schéma de la configuration d'essai……………… **36**

Figure 20 : Instrumentation des essais…………………….. **37**

Figure 21 : Distribution des efforts internes…………………. **40**

Figure 22 : Modélisation des liaisons de pieds de poteau...... **42**

Figure 23 : Définition de la platine rigide équivalente pour le modèle.. **43**

Figure 24 : Lois de comportement adoptées pour chacune des composantes.. **44**

Figure 25 : Modélisation des pieds de poteau articulés utilisée dans LENAS.. **48**

Figure 26 :Loi caractéristique des ressorts de la modélisation **51**

Figure27:Caractéristiques des pieds de poteau testés à froid **53**

Figure 28 : Courbe « effort-allongement » obtenue numériquement pour le ressort du massif de béton le plus déformé.. **56**

Figure 29 : Lois de comportement des ressorts représentant les tiges par notre modèle............................. **58**

Figure 30 : Vérification de la plastification de la platine en fonction de F2... **61**

Figure 31 : Vérification de la plastification du poteau en fonction de F2... **62**

Figure 32 : Courbes de moment- rotation au pied du poteau pour les 3 cas de charge F1.............................. **64**

Figure 33 : La différence entre la détermination des moments par essais et par notre modèle............. **68**

Figure 34 : Configuration de l'entrepôt : portique à 1 travée de 30 m de portée... **70**

Figure 35 : Caractéristiques des sections des poteaux et des travers du portique étudié................................. **70**

Figure 36 : Dimension des composants des pieds de poteaux articulés étudiés................................. **71**

Figure 37 : Les nœuds des éléments du portique après discrétisation... **72**

Figure 38 : Courbes de température- temps dans les sections des éléments du portique étudié dans le cas de pieds de poteaux articulés et encastrés... **74**

Figure 39 : Nœuds avec les conditions aux limites............. **75**

Figure 40 : Déplacements horizontaux du nœud 25 et du nœud 81 et déplacement vertical du nœud 53 du portique en fonction de temps dans les 2 cas de chargement avec pieds de poteaux articulés... **77**

Figure 41 : Déplacements horizontaux du nœud 25 et du nœud 81 et déplacement vertical du nœud 53 du portique en fonction de temps dans les 2 cas de chargement avec pieds de poteaux encastrés.. **78**

Figure 42 : Détail des pieds de poteaux articulés modélisés (pied du poteau à gauche).............................. **80**

Figure 43 : Déplacements horizontaux du nœud 25 et du nœud 81 et déplacement vertical du nœud 53 du portique en fonction de temps dans les 2 cas de chargement avec pieds articulés modélisés.. **84**

Figure 44 : Courbes de température- temps dans les sections des éléments du portique étudié dans le cas de pieds de poteaux articulés et encastrés... **86**

Figure 45 : Relation F-Δ des ressorts-béton massif les plus comprimés dans les 2 cas de charges............... **88**

Figure 46 : Relation F-Δ des ressorts-béton chape les plus comprimés dans les 2 cas de charges................ **90**

Figure 47 : Relation F-Δ des tiges d'ancrage dans les 2 cas de combinaison des charges........................ **92**

Figure 48 : Déplacements verticaux des extrémités de la platine des pieds de poteaux modélisés............. **94**

Figure 49 : Configurations de la platine des pieds de poteaux modélisés en fonction du temps......................... **95**

Figure 50 : Déplacements horizontaux des nœuds 25, 53 (poteaux) et verticaux du nœud 53 (poutre) du portique en fonction de temps dans le cas de pieds articulés simples et articulés par modélisation... **97**

Figure 51 : Déplacements horizontaux des nœuds 25, 53 (poteaux) et verticaux du nœud 53 (poutre) du portique en fonction de temps dans le cas de pieds encastrés simples et encastrés par modélisation... **98**

Figure 52 : Déplacements verticaux des extrémités de la platine des pieds de poteaux articulés par modélisation......... **99**

Figure 53 : Configurations de la platine des pieds de poteaux articulés par modélisation en fonction du temps dans les 2 cas de combinaison des charges...................................... **100**

LISTE DES TABLEAUX

TABLEAUX   *PAGES*

Tableau I : Facteurs de réduction pour les relations contrainte-déformation (Eurocode 3)……………………………….. **14**

Tableau II : Valeurs recommandées des coefficients ψ pour les bâtiments……………………………………………… **18**

Tableau III : Grandeurs caractéristiques des essais expérimentaux…………………………………………… **38**

Tableau IV : Coefficients pour situation du vent (pente 5%) ouvert à 60% selon EUROCODE 1 (ENV 1991-1-2-4 : 1995)…. **72**

LISTE DES ANNEXES

ANNEXES   *PAGES*

ANNEXE 1 : MANUEL DU LOGICIEL UTILISE POUR LA MODELISATION (LENAS-MT).. 109

    I. Introduction /présentation... 110
    II. Objectifs et domaine d'utilisation du logiciel...... 110
    III. Théorie de base... 111
    IV. Conditions d'utilisation.. 118

ANNEXE 2 : LES COMBINAISONS DE CHARGES AUX NŒUDS... 121

    1. Le cas de pieds articulés/encastrés : G + 0.2S.. 122
    2. Le cas de pieds articulés/encastrés : G + 0.2W. 125
    3. Le cas de pieds articulés modélisés: G+0.2S.... 128
    4. Le cas de pieds articulés modélisés : G+0.2W.. 134

ANNEXE 3: LES RESULTATS DE CALCUL AVEC LA VARIATION DES CARACTERISTIQUES DES RESSORTS   143

    1. Variation des caractéristiques du béton de massif.. 144
    2. Variation des caractéristiques du béton de chape... 155
    3. Variation des caractéristiques des tiges d'ancrage... 158

ANNEXE 4: LA NOTE DE VERIFICATION DES DIMENSIONS DU PIED DE POTEAU ARTICULE (POTARTX).. 165

    A. Récapitulatif des Données........................... 167
    B. Vérifications………………………………….… 168
    C. Conclusions……………………………………… 170

INTRODUCTION GENERALE

Bien que de nombreux travaux aient déjà montrés que les pieds de poteau en acier articulés se comportent généralement comme des assemblages *semi-rigides* (capables de transmettre un moment au massif de béton dans lequel ils sont ancrés et de développer une rotation suffisante), dans un souci de simplification les pieds de poteaux restent encore aujourd'hui idéalisés comme des rotules ou des appuis parfaitement encastrés dans les méthodes d'analyse globale des structures. Cependant, le comportement semi-rigide et partiellement résistant des pieds de poteaux pourrait influencer de manière significative la réponse structurelle (temps de stabilité au feu, mode de ruine) d'une charpente métallique soumise au feu.

Le contenu de ce travail se présente en deux parties principales :

- *Première partie* : A l'aide du logiciel LENAS, mise au point d'une modélisation numérique « réaliste » des pieds de poteaux en acier articulés. Cette modélisation ne concerne que les pieds de poteaux liaisonnés à la fondation par l'intermédiaire de 2 tiges d'ancrage. La difficulté réside ici dans le choix de la modélisation des différentes parties composant les pieds de poteaux et la définition de leurs caractéristiques mécaniques. Afin de vérifier sa validité, le comportement de pieds de poteaux en acier a été simulé et comparé aux résultats d'essais réalisés à froid, issus de la littérature.

- *Deuxième partie* : Une fois la modélisation mise au point, elle est appliquée dans une étude paramétrique afin d'étudier l'influence des pieds de poteaux sur le comportement au feu d'un portique en acier à simple travée. Les paramètres étudiés portent sur conditions de liaison en pied (rotule, encastrement ou liaison semi-rigide) et les caractéristiques des pieds de poteaux (hauteur du massif de béton, longueur participante des tiges…).

CHAPITRE 1

ETUDES BIBLIOGRAPHIQUES

I. INTRODUCTION

Pour renforcer l'état de connaissances nécessaires, cette partie présente bien des généralités sur incendie, surtout les actions thermiques sur le comportement mécanique des structures métalliques et les modèles de calcul avec la température. Elle présente aussi les pieds de poteaux articulés avec leurs modes de ruine et les dispositions constructives des pieds de poteaux.

Plus particulièrement, cette partie présente bien les principes de la modélisation des pieds de poteaux à froid dans la littérature et les essais réalisés à froid.

II. GENERALITES

II.1. Incendie Réel et Incendie Normalisé

L'incendie est un processus de combustion vive qui se développe généralement de façon désordonnée et incontrôlable. Il en résulte une libération de gaz et de chaleur (*réaction exothermique*). Cette combustion ne peut avoir lieu que si *trois* éléments sont présents simultanément (*triangle du feu*) et en quantité suffisante. Ces trois éléments sont : le *combustible* (bois, papier, carton, plastique solvants, hydrocarbures, méthane, butane…), le *comburant* (oxygène) et une *source de chaleur* (flamme, élévation de température (surtension, appareil électrique) ou une étincelle…).

De manière générale, un incendie passe par une phase de *développement* puis ensuite par une phase de *décroissance*. Il peut être subdivisé en 4 phases (*voir figure 1*) :

1ère **phase** (*éclosion ou démarrage*) : le combustible commence à brûler.

2ème **phase** (*développement*) : La phase de croissance lente du feu durant laquelle les effets thermiques sont seulement locaux (la source est encore localisée), provoque la combustion des matériaux et la production de fumée. Les gaz chauds étant plus légers que l'ambiance, ils montent vers le plafond et emplissent progressivement le compartiment. Les dégâts dus à l'échauffement de la structure portante sont encore relativement faibles. A la fin de cette phase, l'intervention des pompiers ne sera plus possible si aucun désenfumage n'est réalisé dans le compartiment.

3ème **phase** (*combustion active* ou *échauffement*) : Les gaz chauds accumulés portent les combustibles présents à leur température d'ignition et l'ensemble du compartiment s'embrase brutalement. L'embrasement généralisé ou flash-over du compartiment marque la transition entre l'incendie localisé et l'incendie entièrement développé. L'incendie se développe jusqu'à atteindre sa température maximum. Un incendie après embrasement généralisé génère généralement des températures de l'ordre de 600 à 1200°C avec un risque de ruine de la structure. Combattre l'incendie de l'intérieur du compartiment est alors impossible.

4ème phase (*refroidissement*) : Lorsque environ 70% du combustible est consommé par le feu, la température des gaz chauds baisse et l'incendie finit par s'arrêter.

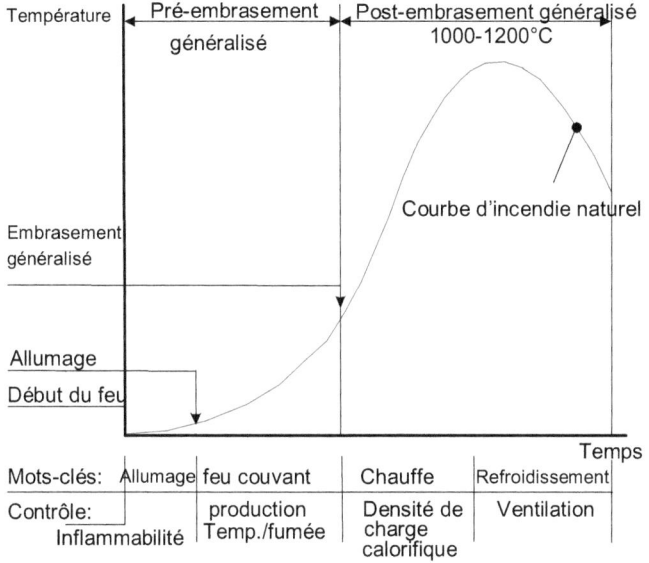

Figure 1 : *Courbe d'incendie réel [11]*

Les paramètres qui gouvernent les conditions dans lesquelles un incendie réel peut prendre naissance puis se développer, sont très nombreux. Parmi ces facteurs, nous pouvons citer, par exemple :

- La quantité et la répartition des matériaux combustibles. Cette quantité, appelée charge incendie ou charge calorifique, conditionne en grande partie la durée de l'incendie et la température qui sera atteinte au cours de celui-ci ;
- La vitesse de combustion de ces matériaux ;

- Les conditions de ventilation (ouvertures) ; La quantité d'oxygène disponible conditionne la durée du feu et les températures atteintes au cours de l'incendie.
- La géométrie du compartiment ;
- Les propriétés thermiques des parois du compartiment.

Dans un souci de faciliter l'analyse de la résistance au feu des structures, aussi bien pour les essais que pour les calculs, un programme thermique conventionnel et normalisé, matérialisant l'action des incendies dans un bâtiment avec petits compartiments, a été adopté au niveau international (*Norme ISO834*).

Dans ce cas, l'élévation de température à laquelle est soumis un élément de structure suit la relation suivante :

$$\theta_g = 345 . \log(8.t + 1) + \theta_0 \qquad [1]$$

Où : t est le temps en minutes ;

θ_g est la température dans le compartiment incendié ou dans le four d'essai en °C ;

θ_0 est la température ambiante initiale (20°C).

La courbe représentant cette fonction, connue sous le nom de courbe « ISO standard », est présentée sur la figure 2. De manière simplifiée, il peut être retenu que cette courbe atteint environ 500°C après seulement 3 minutes, 800°C après 30 minutes et plus de 1000°C après 90 minutes. La courbe « ISO » est très différente de celle adoptée pour l'incendie réel, Cette courbe, qui est souvent considérée comme une courbe enveloppe des incendies réels, présente un aspect plus défavorable, d'une part par un échauffement très rapide lors des premières minutes, et d'autre part par l'absence de phase de refroidissement (température sans cesse croissante).

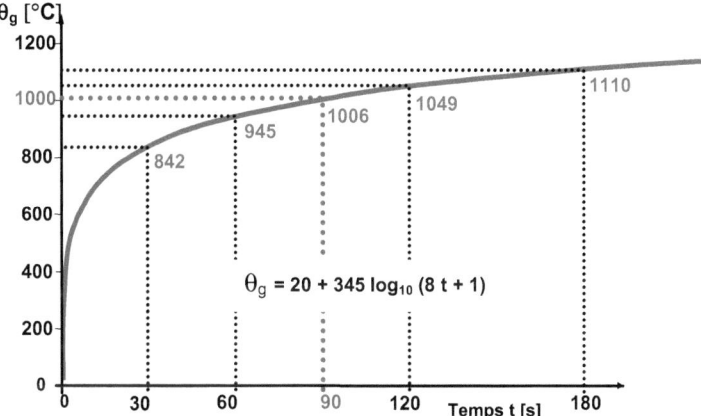

Figure 2 : Evolution de la température des gaz engendrés par l'incendie en fonction des différentes courbes normalisées [11]

Il est également possible d'utiliser une évolution température-temps spécifique pour les incendies alimentés par des hydrocarbures (*courbe HC*), ainsi qu'une courbe relative à une exposition par l'extérieur pour les murs de façades.

II.2. Notion de Résistance au feu

La résistance au feu qualifie l'aptitude des éléments de construction à assurer le rôle qui leur est dévolu malgré l'action de l'incendie. La réglementation française définit *trois critères de classement*:

- **Stable au feu *(SF)*** qui concerne la stabilité mécanique des éléments de construction n'ayant qu'une fonction porteuse, tels que les poteaux, les poutres ou les tirants. Pour ces éléments, la résistance au feu se définit comme la durée pendant laquelle l'élément, soumis aux conditions d'incendie conventionnel, est capable de résister à la charge mécanique appliquée.

- **Pare-flammes** *(PF)* qui concerne principalement des éléments de compartimentage au contact desquels des matériaux combustibles ne sont pas entreposés (porte, cloison vitrée, couverture ...). Il est demandé que ces éléments ne laissent pas passer de gaz chauds.

- **Coupe-feu** *(CF)* qui concerne également des éléments de compartimentage, qu'ils soient porteurs ou non (plancher, mur, cloison, plafond ...). Outre les qualités pare-flammes et, pour les éléments porteurs, les qualités de stabilité au feu qui doivent être assurées, l'élévation de température sur la face non exposée à l'incendie doit être en moyenne inférieure à 140K et ne doit excéder en aucun point 180K.

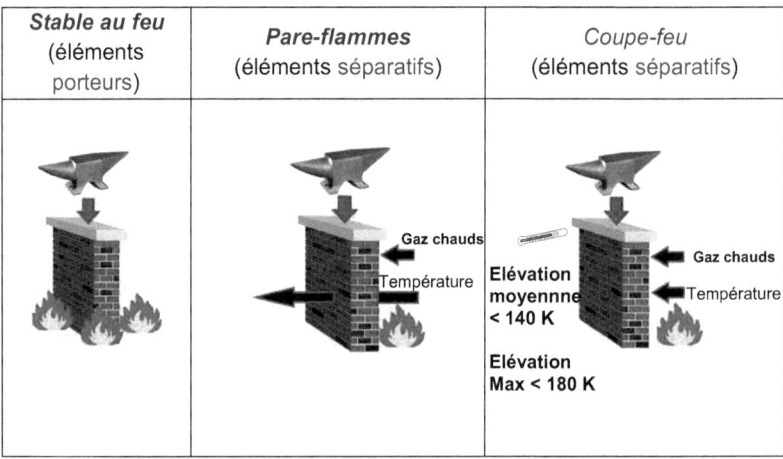

Figure 3 : *Schéma illustratif des critères de résistance au feu*

Le classement attribué à un élément de construction est exprimé en degré lié à une durée d'incendie pendant laquelle l'élément répond aux critères imposés. Par exemple, un poteau peut être classé *SF 1 h 30*, une porte PF ½ h ou un plancher CF 1 h.

Les durées de résistance au feu spécifiées dans la plupart des réglementations nationales concernent le comportement des éléments soumis à une augmentation de température selon la courbe « ISO » présentée au paragraphe précédent.

Compte tenu du caractère conventionnel de la courbe « ISO », la durée de résistance au feu est aussi essentiellement une quantité conventionnelle. Elle ne reflète donc pas le comportement que les éléments de structures auront pendant un incendie réel et doit être interprétée uniquement comme un moyen pratique, suffisamment représentatif, pour classer les éléments de construction vis à vis de leur performance au feu.

III. PROPRIETES AUX TEMPERATURES ELEVEES DES ACIER DE CONSTRUCTION

L'évaluation du comportement au feu des éléments de structure nécessite de connaître les propriétés des matériaux aux températures élevées, à savoir les caractéristiques thermo-physiques (conductivité thermique, chaleur spécifique...), les relations contrainte-déformation, le module de rigidité, la résistance et la dilatation thermique en fonction de la température.

III.1. Propriétés thermo-physiques des aciers

L'acier de construction est incombustible, c'est à dire qu'il ne en ne participe pas à l'alimentation et à la propagation du feu en ne dégageant aucune fumée ni aucun produit toxique. Il présente une teneur en carbone comprise entre 0,05% et 0,3%. Pour ces teneurs, l'acier est caractérisé par une structure cristalline cubique face centrée (fer α). Ce réseau cristallin est maintenu jusqu'à des températures d'environ 750°C. Entre 750°C et 820°C, l'acier se réarrange progressivement en fer (α + γ). Ce changement cristallin influence certaines caractéristiques physiques de l'acier. Au-delà de ces températures, le réseau se réarrange en un réseau cubique face centrée (fer γ) et au-delà de 1390°C, les atomes retrouvent leur structure cristalline et ce jusqu'au point de fusion (1593°C).

D'une manière générale, les caractéristiques thermo-physiques à considérer pour les matériaux de construction sont la masse volumique, la conductivité λ_a (aptitude à transmettre le flux de chaleur), la dilatation thermique $(\Delta l/l)_a$ et la chaleur spécifique C_a.

1. *Masse volumique*

La température n'a pas d'effet significatif sur la masse volumique de l'acier. Une valeur constante de 7850 kg/m^3 est généralement adoptée pour tous les types d'acier.

2. *Conductivité thermique* (λ_a)

La conductivité thermique représente la vitesse à laquelle la température arrivant à la surface de l'acier se propage dans le profilé en acier. La conductivité thermique de l'acier *diminue* avec l'augmentation de la température. Les valeurs obtenues dépendent principalement de la *composition* de l'acier, et surtout de la teneur en carbone.

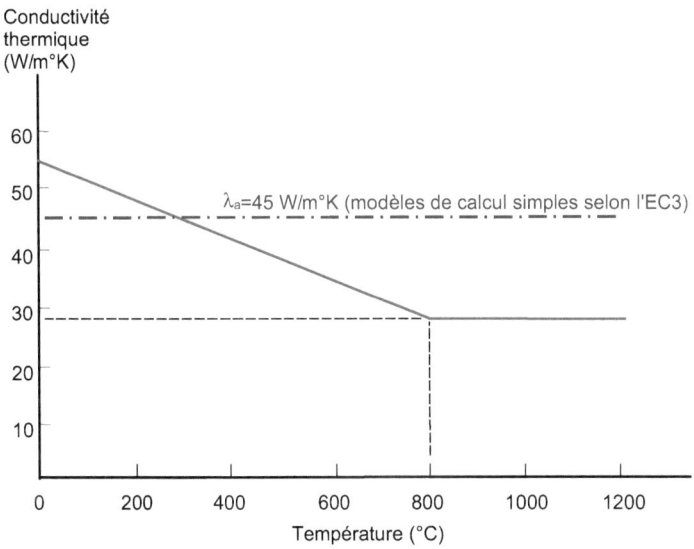

Figure 4 : Variation de la conductivité thermique en fonction de la température [25]

3. Coefficient de dilatation thermique $((\Delta l/l)_a)$

Même en l'absence de toute charge appliquée, les matériaux usuels de construction se déforment sous l'action d'une variation de température, l'échauffement produisant un allongement du matériau. Comme le montre la *figure 5*, les coefficients de dilatation du béton et de l'acier sont très proches pour les faibles températures. Entre 750°C et 820°C, l'acier subit une modification cristalline et ne se dilate pas.

Lors de l'analyse de la stabilité de la structure, il ne faut *pas négliger* les effets de la dilation de l'acier. En effet, si l'élément chauffé est *bridé*, la dilation va *augmenter* le niveau de contraintes globales à l'intérieur de cet élément et générant un effondrement plus rapide.

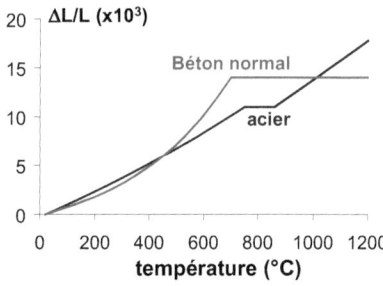

Figure 5 : Variation du coefficient de dilatation thermique du béton et de l'acier [25]

4. *Chaleur spécifique* (C_a)

La chaleur spécifique de l'acier est la quantité de chaleur nécessaire pour élever la température de celui-ci de 1°C. Nous pouvons constater que dans une grande plage de température, la chaleur spécifique varie faiblement avec la température. Sa valeur subit une augmentation importante dans la plage 700-800 °C pour atteindre une valeur maximum aux environs de 735 °C. Cette augmentation indique l'apport d'énergie complémentaire nécessaire pour permettre une modification de phase de la structure cristalline dans l'acier. Pour un calcul simplifié (EC3), une valeur constante de 600 J/ kg °K peut être adoptée.

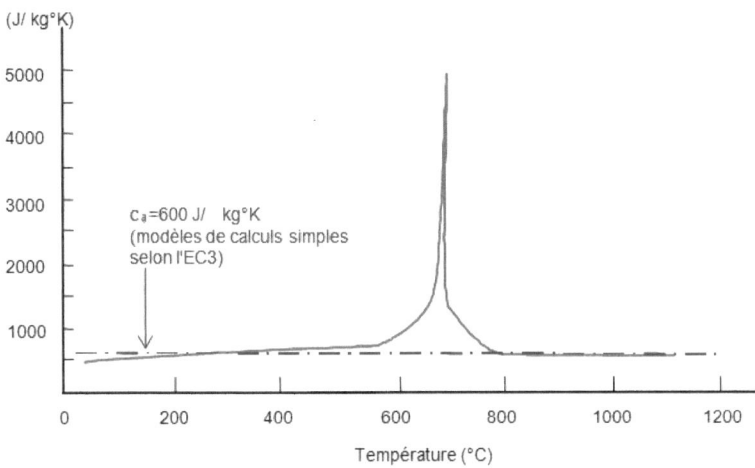

Figure 6 : Variation de la chaleur spécifique en fonction de la température [25]

III.2. Caractéristiques mécaniques des aciers au carbone

Les propriétés mécaniques des aciers au carbone à des températures élevées sont données dans l'EN1993-1-2 [3].en fonction des propriétés à température ambiante par l'intermédiaire de facteurs de réduction l'EN1993-1-2 [3].3 fournit un tableau de valeurs pour les facteurs suivants :

- limite d'élasticité efficace $f_{y,\theta}$, rapportée à la limite d'élasticité à 20°C : $k_{y,\theta} = f_{y,\theta}/f_y$

- limite de proportionnalité $f_{p,\theta}$, rapportée à la limite d'élasticité à 20°C : $k_{p,\theta} = f_{p,\theta}/f_y$

- pente du domaine linéaire élastique $E_{a,\theta}$, rapportée à la pente à 20°C : $k_{E,\theta} = E_{a,\theta}/E_a$

La variation de ces facteurs en fonction de la température est donnée dans le tableau 1 et présentée à la Figure 7. On constate qu'à partir de 300°C, l'acier subit une perte de résistance et de rigidité au fur et à mesure que la température augmente. On peut aussi remarquer une perte de 77% de résistance à 700°C et de plus de 94% à 900°C alors que le point de fusion (1500°C) n'est pas encore atteint.

Tableau I : Facteurs de réduction pour les relations contrainte-déformation (Eurocode3)

Température de l'acier θ_a	Facteurs de réduction à la température θ_a par rapport à la valeur de f_y ou E_a à 20°C		
	Facteur de réduction (par rapport à f_y) pour la limite d'élasticité efficace $k_{y,\theta} = f_{y,\theta}/f_y$	Facteur de réduction (par rapport à f_y) pour la limite de proportionnalité $k_{p,\theta} = f_{p,\theta}/f_y$	Facteur de réduction (par rapport à E_a) pour la pente du domaine élastique linéaire $k_{E,\theta} = E_{a,\theta}/E_a$
20°C	1,000	1,000	1,000
100°C	1,000	1,000	1,000
200°C	1,000	0,807	0,900
300°C	1,000	0,613	0,800
400°C	1,000	0,420	0,700
500°C	0,780	0,360	0,600
600°C	0,470	0,180	0,310
700°C	0,230	0,075	0,130
800°C	0,110	0,050	0,090
900°C	0,060	0,0375	0,0675
1000°C	0,040	0,0250	0,0450
1100°C	0,020	0,0125	0,0225
1200°C	0,000	0,0000	0,0000

NOTE : Pour des valeurs intermédiaires de la température de l'acier, une interpolation linéaire peut être utilisée.

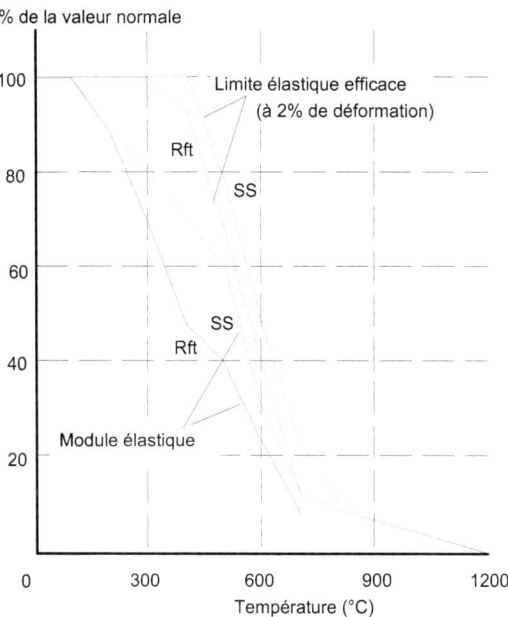

Figure 7 : *Réduction des propriétés mécaniques de l'acier en fonction de la température* [25]

A température élevée, les relations contrainte déformation sont basées sur un modèle elliptique linéaire, en opposition avec la schématisation dans des conditions de température ambiante, pour laquelle un modèle bilinéaire suffit.

Les relations contrainte-déformation aux températures élevées de l'acier carbone peuvent être obtenues à partir des données fournies dans la figure 8.

Il est à noter que les différentes relations proposées (variations de la limite d'élasticité et du module d'élasticité en fonction de la température), ont été obtenues à partir d'essais de traction réalisés sur des éprouvettes en acier. Ces essais ont été effectués, en général, sous température constante et avec une vitesse de mise en charge suffisamment élevée pour pouvoir considérer l'influence du fluage comme négligeable.

Plage de déformations	Contrainte σ	Module tangent
$\varepsilon \leq \varepsilon_{p,\theta}$	$\varepsilon E_{a,\theta}$	$E_{a,\theta}$
$\varepsilon_{p,\theta} < \varepsilon < \varepsilon_{y,\theta}$	$f_{p,\theta} - c + (b/a)\left[a^2 - (\varepsilon_{y,\theta} - \varepsilon)^2\right]^{0,5}$	$\dfrac{b(\varepsilon_{y,\theta} - \varepsilon)}{a\left[a^2 - (\varepsilon_{y,\theta} - \varepsilon)^2\right]^{0,5}}$
$\varepsilon_{y,\theta} \leq \varepsilon \leq \varepsilon_{t,\theta}$	$f_{y,\theta}$	0
$\varepsilon_{t,\theta} < \varepsilon < \varepsilon_{u,\theta}$	$f_{y,\theta}\left[1 - (\varepsilon - \varepsilon_{t,\theta})/(\varepsilon_{u,\theta} - \varepsilon_{t,\theta})\right]$	-
$\varepsilon = \varepsilon_{u,\theta}$	0,00	-
Paramètres	$\varepsilon_{p,\theta} = f_{p,\theta}/E_{a,\theta}$ $\varepsilon_{y,\theta} = 0,02$	$\varepsilon_{t,\theta} = 0,15$ $\varepsilon_{u,\theta} = 0,20$
Fonctions	$a^2 = (\varepsilon_{y,\theta} - \varepsilon_{p,\theta})(\varepsilon_{y,\theta} - \varepsilon_{p,\theta} + c/E_{a,\theta})$ $b^2 = c(\varepsilon_{y,\theta} - \varepsilon_{p,\theta})E_{a,\theta} + c^2$ $c = \dfrac{(f_{y,\theta} - f_{p,\theta})^2}{(\varepsilon_{y,\theta} - \varepsilon_{p,\theta})E_{a,\theta} - 2(f_{y,\theta} - f_{p,\theta})}$	

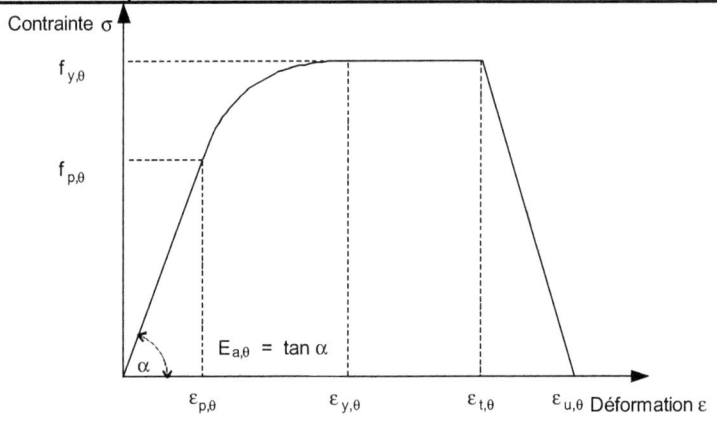

Légende :
- $f_{y,\theta}$: limite d'élasticité efficace ;
- $f_{p,\theta}$: limite de proportionnalité ;
- $E_{a,\theta}$: pente du domaine élastique linéaire ;
- $\varepsilon_{p,\theta}$: déformation à la limite de proportionnalité ;
- $\varepsilon_{y,\theta}$: déformation plastique ;
- $\varepsilon_{t,\theta}$: déformation limite en élasticité ;
- $\varepsilon_{u,\theta}$: déformation ultime.

Figure 8 : Relations contrainte-déformation pour l'acier au carbone aux températures élevées [25]

IV. METHODES DE CALCUL POUR LES ELEMENTS DE SRUCTURE METALLIQUES SOUMIS AU FEU

IV.1. Actions mécaniques (Charges appliquées)

Afin de pouvoir vérifier la stabilité au feu d'un élément de structure, il est indispensable de connaitre les charges appliquées à cet élément en situation d'incendie. Il est communément admis que la probabilité de l'occurrence combinée d'un feu dans un bâtiment et d'un niveau extrêmement élevée de charges mécaniques est très faible. C'est pourquoi en situation d'incendie, les charges appliquées aux structures sont obtenues en appliquant des coefficients de combinaison d'action différents de ceux utilisés pour le dimensionnement à froid. Plus précisément, les charges appliquées aux structures sont obtenues en appliquant la formule correspond aux situations accidentelles, à savoir (voir relation 6.11b de l'EN1990 [1]) :

$$\sum_{i\geq1} G_{k,j} + \Psi_{1,1} Q_{k,1} + \sum_{i\geq1} \Psi_{2,i} Q_{k,i} \qquad [2]$$

Où :

$G_{k,j}$: valeur caractéristique de l'action permanente

$Q_{k,1}$: valeur caractéristique de l'action variable principale

$Q_{k,i}$: valeur caractéristique de l'action d'accompagnement

$\psi_{1,1}$: coefficient de combinaison pour la valeur fréquente d'une action variable

$\psi_{2,i}$: coefficient de combinaison pour la valeur quasi-permanente d'une action variable

Les valeurs recommandées de ψ_1 et ψ_2 sont données dans le tableau suivant.

Tableau II : Valeurs recommandées des coefficients ψ pour les bâtiments [24]

Action	ψ₀	ψ₁	ψ₂
Charges d'exploitation des bâtiments, catégorie (voir EN 1991-1.1) :			
- Catégorie A : habitation, zones résidentielles	0,7	0,5	0,3
- Catégorie B : bureaux	0,7	0,5	0,3
- Catégorie C : lieux de réunion	0,7	0,7	0,6
- Catégorie D : commerces	0,7	0,7	0,6
- Catégorie E : stockage	1,0	0,9	0,8
- Catégorie F : zone de trafic, véhicules de poids ≤ 30 kN	0,7	0,7	0,6
- Catégorie G : zone de trafic, véhicules de poids compris entre 30 et 160 kN	0,7	0,5	0,3
- Catégorie H : toits	0	0	0
Charges dues à la neige sur les bâtiments (voir EN 1991-1-3) [a] :	0,70	0,50	0,20
- Finlande, Islande, Norvège, Suède	0,70	0,50	0,20
- Autres Etats Membres CEN, pour lieux situés à une altitude H> 1000 m a.n.m.	0,50	0,20	0
- Autres Etats Membres CEN, pour lieux situés à une altitude H≤ 1000 m a.n.m.			
Charges dues au vent sur les bâtiments (voir EN 1991-1-4)	0,6	0,2	0
Température (hors incendie) dans les bâtiments (voir EN 1991-1-5)	0,6	0,5	0
NOTE Les valeurs des coefficients ψ peuvent être données dans l'Annexe Nationale.			
a Pour des pays non mentionnés dans ce qui suit, se référer aux conditions locales appropriées.			

Ainsi par exemple, dans le cas d'un bâtiment industriel de stockage où l'unique *action principale* est la <u>charge d'exploitation, la combinaison d'action est</u> :

$$1,0.G_k + 0,9.Q_{k,1} \qquad [3]$$

Pour un hall industriel de stockage où l'unique *action principale* est la <u>neige</u> ou le <u>vent</u> :

$$1,0.G_k + 0,2\, S_{k,1} \quad \text{ou} \quad 1,0.G_k + 0,2\, W_{k,1} \qquad [4]$$

Lorsque la charge de vent ou de neige est considérée comme l'action variable principale et la surcharge comme l'action variable d'accompagnement, la combinaison d'action devient alors :

$$1,0.G_k + 0,2.W_{k,1} + 0,3.Q_{k,2} \quad \text{ou} \quad 1,0.G_k + 0,2.S_{k,1} + 0,3.Q_{k,2} \qquad [5]$$

IV.2. Calcul de l'échauffement des éléments de structures en acier

L'échauffement des structures métalliques peut être déterminée soit à l'aide de formules analytiques pour les cas simples : méthodes de calcul simplifiées des parties feu des Eurocodes (intégration au cours du temps d'une équation différentielle), soit sur la base de méthodes de calcul avancées, fondées sur la théorie du transfert thermique et nécessitant l'utilisation de logiciels sophistiqués basés sur la méthodes des éléments finis ou des différences finies. Cette approche permet de traiter des cas d'échauffement plus complexes et de déterminer le champ de températures exact au sein d'un élément.

La méthode de calcule simplifiée est brièvement présentée dans la suite.

IV.2.1. Principaux paramètres de la méthode de calcul simplifiée

L'évolution de température dans un élément en acier dépend, pour certaines conditions de feu données, des deux paramètres de calcul suivants :

- le *facteur de massiveté* A_m/V ou A_p/V (pour les éléments respectivement nus ou protégés) qui exprime le rapport entre la surface exposée au flux thermique et le volume de l'élément par unité de longueur;
- Les propriétés thermiques d'une éventuelle protection, exprimées par sa *conductivité* thermique, λ_p, sa *masse volumique* ρ_p, sa *chaleur spécifique* c_p et on *épaisseur* d_p (seulement pour les éléments protégés).

La valeur du facteur de massiveté des éléments de construction en acier peut varier de façon très importante. *L'inertie thermique est plus grande pour une petite section épaisse que pour une section longue et mince.*

Si *l'inertie thermique est plus grande, l'augmentation de température est plus lente* et par conséquent la résistance au feu, pour une température critique donnée, est plus importante.

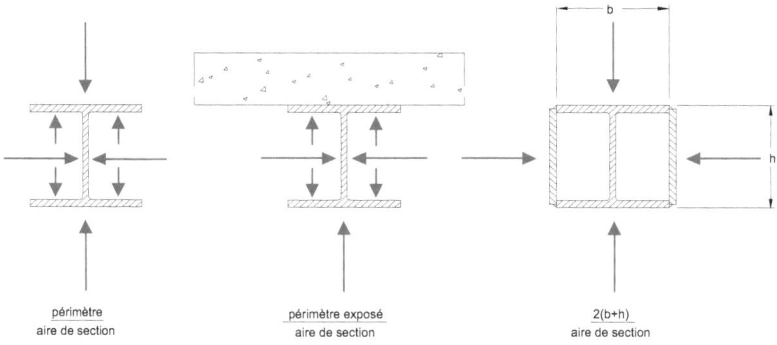

Figure 9 : Détermination de la massiveté [11]

IV.2.2 Echauffement des éléments en acier non protégé

L'acier étant très conducteur, le champ de température au sein des éléments métalliques minces non protégés est souvent quasi-uniforme en section. L'évolution de la température dépend seulement de la *sollicitation thermique* (feu conventionnel, feu extérieur...) et du facteur de *massiveté* de l'élément A_m/V et l'accroissement de température $\Delta\theta_{a,t}$ durant un intervalle de temps Δt peut être déterminé à partir de la relation suivante :

$$\Delta T_a = k_{sh} \frac{A_m/V}{c_a \rho_a} \dot{h}_{net,d} \Delta t \qquad [6]$$

Où :

- k_{sh} est le facteur de correction pour l'effet d'ombre;
- A_m/V est le facteur de massiveté du profilé métallique [m^{-1}] ;
- c_a est la chaleur spécifique de l'acier [J/m^3 C] ;
- ρ_a est la masse volumique de l'acier [Kg/m^3] ;

- $\dot{h}_{net,d}$ est la valeur de calcul du flux thermique net [W/m²/K]. Ce terme qui représente l'action thermique, dépend du modèle de feu utilisé (conditions de feu normalisé, de feu naturel) ;
- Δt est l'intervalle de temps [s] ;

La solution de cette équation donne, pas à pas, l'évolution de la température de l'élément métallique au cours de l'incendie.

Le *flux thermique net* ($\dot{h}_{net,d}$ en W/m²), qui est l'énergie réellement absorbée par l'élément, est calculé à partir de la valeur de la température des gaz chauds. Il est décomposé en la somme de *deux contributions*:

1. **Le flux radiatif** : l'expression analytique est la suivante:

$$h_{net.r} = \sigma.\Phi.\varepsilon_{res}\left[(\theta_r + 273)^4 - (\theta_m + 273)^4\right] \qquad [7]$$

Où :

- σ : constante de Stefan-Boltzmann égale à 5,67x10^{-8} [W/m²/K^4];
- Φ : facteur de forme (peut être fixé à 1.0 à défaut de données) ; Le facteur de forme exprime la fraction du rayonnement thermique total qui quitte une surface rayonnante donnée et atteint une surface réceptrice donnée. Sa valeur dépend des dimensions de la surface rayonnante, de la distance entre les deux surfaces rayonnantes et réceptrices et de leur orientation relative

(définition prise de l'Eurocode 1, partie1.2). Dans de nombreux cas pratique, le facteur de forme est pris égal à 1 ;

ε_f : émissivité du compartiment de feu (généralement égal 1) ;

ε_s : émissivité de la surface de l'élément. Elle dépend du type de matériau appliqué à la surface. Pour l'acier, ε_m = 0,7 ;

$\varepsilon_{res} = \varepsilon_f \varepsilon_s$: émissivité résultante;

θ_r, θ_m : températures dues au rayonnement (généralement égal à la température des gaz chauds) et à la surface de l'élément (°C).

2. **<u>Le flux convectif</u>** : fonction principalement des mouvements des gaz autour de l'élément :

$$h_s = \alpha_c.[\theta_r - \theta_m] \qquad [8]$$

Où

α_c : coefficient de transmission thermique par convection (25W/m².K pour la courbe d'incendie normalisée);

θ_r, θ_m : températures environnantes et à la surface de l'élément (°C).

L'effet d'ombre est induit par les écrans locaux dus à la forme des profils en acier.au rayonnement de chaleur. Il joue un rôle pour les profils de forme concave (profils ouverts), par exemple les <u>*sections de type I*</u> ; en revanche, pour les profils de forme convexe (profils fermés), par exemple les tubes, il devient inexistant (pas d'écran local).

Pour les sections de type I sous conditions de feu nominal, l'effet d'ombre est décrit de façon raisonnable en prenant :

$k_{sh} = [A_m/V]_{box}/[A_m/V]$ $k_{sh} = 0.9 [A_m/V]_{box}/[A_m/V]$ [9]

Où : $[A_m/V]_{box}$ est la valeur en caisson du facteur de massiveté.

Dans tous les autres cas, la valeur de k_{sh} doit être prise comme : $k_{sh} = [A_m/V]_{box}/[A_m/V]$

La figure suivante montre la température atteinte par des sections d'acier nu, de massivetés différentes après 15, 30 et 60 minutes d'incendie conventionnel. On constate qu'un élément présentant un facteur de massiveté A_m/V [m^{-1}] de faible valeur (c'est-à-dire très massif) subira un échauffement bien plus lent qu'un élément ayant un facteur de massiveté élevé. Pour une température critique donnée, il aura par conséquent une résistance au feu plus grande.

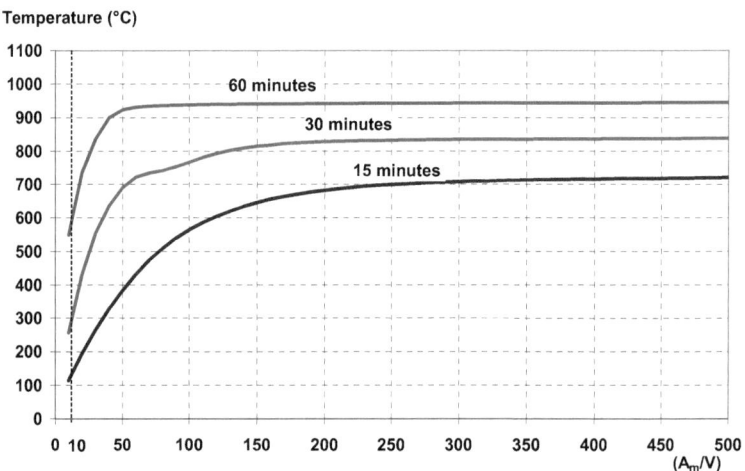

Figure 10 : Montée de température dans la structure en acier [11]

IV.3. Résistance au feu des structures en acier

Actuellement, différents types de méthodes peuvent être utilisés pour évaluer la réponse mécanique des structures en acier. En accord avec la classification adoptée dans les parties feu des Eurocodes, ces méthodes peuvent être classées en deux principaux groupes :

- Les outils de calcul simplifiés (Méthode la température critique, méthode de vérification en résistance) et
- Les modèles de calculs avancés ;

IV.3.1. Modèles de calcul simplifiés

Ce type de méthode de calcul peut être divisé en deux catégories : la première est la méthode de la température critique et la deuxième correspond à toutes les méthodes de vérification en résistance. Seuls les domaines d'applicabilité et principe d'application des principaux modèles de calcul simplifiés actuellement disponibles seront abordés ici.

- *Méthodes de vérification en résistance*

Les modèles de calcul simplifiés peuvent être scindés en **trois familles** :

- Eléments soumis à un effort axial ou à un moment de flexion qui ne présentent aucun problème d'instabilité ; dans ce cas, le modèle de calcul simplifié est basé sur la théorie de la plasticité des sections aux températures élevées ;
- Eléments soumis à un effort de compression axiale simple, sensible, au phénomène d'instabilité (flambement

global et local), comme les poteaux élancés chargés axialement ; dans ce cas, le modèle de calcul simplifié est généralement basé sur l'approche par courbe de flambement mais adaptée pour la situation d'incendie ;

- Eléments soumis aux *effets combinés en moment de flexion et effort axial*, comme les poteaux élancés chargés avec une importante excentricité, les poutres avec déversement latéral, etc. ; pour ce type d'élément, le modèle de calcul simplifié prend en compte l'effet combiné des différentes sollicitations en assemblant les deux modèles de calcul ci-dessus correspondant à la condition simple de chargement en flexion ou en compression.

Le principe d'application de ces méthodes consiste à vérifier que la fonction porteuse d'un élément est assurée après un temps d'exposition au feu donnée malgré les températures atteintes par cet élément :

$$E_{fi,d} \leq R_{fi,d,t} \quad [10]$$

Où :

- $E_{fi,d}$ est l'effet des actions de calcul en situation d'incendie, selon la partie feu de l'Eurocode 1 (au niveau de la section le plus sollicitée);

- $R_{fi,d,t}$ est la résistance de calcul correspondante de l'élément, dans la situation d'incendie, au temps t.

Comme pour le calcul à température ambiante, la détermination de la résistance au feu des éléments de structure doit tenir compte de la capacité de la section à développer sa résistance plastique ou élastique (liée à la limitation des capacités de rotation des sections). C'est le rapport largeur-épaisseur des parois d'une section transversale qui détermine si cette paroi a une grande capacité de rotation ou non, ou si la minceur de ses parois est telle que le voilement local, peut limiter la résistance de la section à une valeur inférieure à la résistance élastique. De manière pratique, cette prise en compte s'effectue à partir de la classe de la section.

- ***Méthode de température critique***

La méthode de la température critique n'est applicable qu'aux éléments de structure comprenant une section en acier échauffée de façon uniforme ou avec un léger gradient de température.

En fait, la température critique d'un élément de construction en acier définit la température à laquelle la ruine de celui-ci est susceptible de se produire pour un champ de température uniforme ainsi qu'un niveau de chargement donné. La stabilité au feu d'un élément est alors assurée si la température de l'élément θ_a, après une certaine durée d'exposition au feu, est inférieure à sa température critique $\theta_{critique}$:

$$\theta_a \leq \theta_{critique} \qquad [11]$$

La température critique d'un élément métallique dépend de nombreux paramètres tels que le niveau de chargement de l'élément (rapport entre la charge appliquée et la capacité portante mécanique à température normale), le système constructif (poutre, poteau, système hyperstatique, ...), l'élément utilisé (forme de la section) et la réduction de la résistance de l'acier aux températures élevées. Cette température critique varie généralement entre 350 et 800 °C.

La température critique de l'élément peut être obtenue en fonction du taux d'utilisation μ_0 de l'élément en situation d'incendie au moyen de l'équation suivante :

$$\theta_{critique} = 39{,}19\ln\left[\frac{1}{0{,}9674\mu_0^{3{,}833}} - 1\right] + 482 \quad [12]$$

Ou à l'aide du tableau 4.1 de la partie feu de l'Eurocode 3.

Il est possible aussi de se référer à des valeurs forfaitaires qui placent généralement en sécurité. Compte tenu que le taux d'utilisation maximal pour les éléments utilisés dans des bâtiments corants ne doit pas dépasser **0,64**, on peut admettre que la *stabilité structurelle* est satisfaite si, au temps t, la température des éléments de structures en acier θ_a ne dépassent pas les valeurs forfaitaires suivantes :

- Poutres hyperstatiques : 570°C,
- Poutres isostatiques et éléments tendus : 540°C,
- Eléments comprimés : 500°C,
- Eléments soumis à la flexion et à la compression axiale : 500°C,
- Eléments de classe 4 : 350°C (c'est-à-dire les éléments particuliers sujets aux instabilités locales).

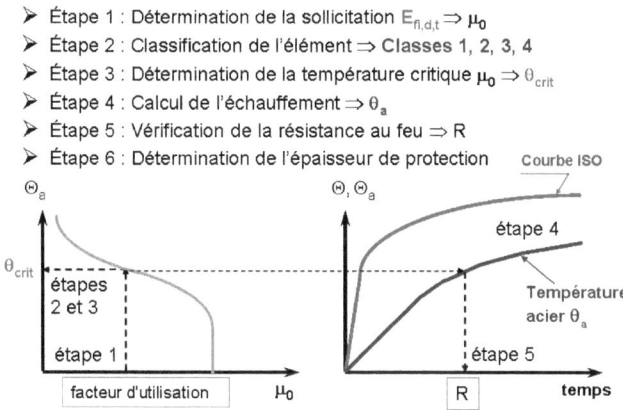

Figure 11 : Procédure de calcul pour le calcul de la résistance au feu des éléments en acier, sur la base des modèles de calcul simplifiés [11]

IV.3.2. Modèles de calcul avancés

Les modèles de calcul avancés peuvent être utilisés pour la *vérification de la résistance au feu des structures*. Ces modèles font appel le plus souvent à la *méthode des éléments finis* avec prise en compte de *non-linéarités* liées à la *plasticité* des matériaux (**non-linéarité matérielle**) et aux *grands déplacements* (**non-linéarité géométrique**), amplifiées par l'action de la température .Le régime transitoire de l'échauffement de la structure lors de l'incendie exige d'utiliser une procédure de résolution *incrémentale* (pas à pas) et *itérative*, prenant en compte l'évolution et la distribution des températures à chaque pas de temps, ainsi que leurs influences sur les propriétés mécaniques des matériaux : Une analyse pas à pas afin d'obtenir l'état d'*équilibre de la structure* pour différents instants de feu, c'est-à-dire pour différents champs de température de la structure et pour chaque pas de calcul, une procédure de résolution itérative pour rétablir l'équilibre de la structure qui se comporte de manière **élasto-plastique** et **non-linéaire**.

Pour les structures en acier, l'application des modèles de calcul avancés nécessite de considérer dans les modèles de matériaux les points suivants :

- La décomposition de déformation totale en plusieurs parties aux températures élevées (voir *figure 12*) ;
- le modèle de matériau cinématique pour l'évolution de la température (voir *figure 13*). Pour l'acier, le passage d'une courbe de contrainte-déformation à une autre dû au changement de température doit être effectué en conservant une valeur constante de la déformation plastique entre deux niveaux de température. Cette règle s'applique à tout état de contrainte de l'acier (traction ou compression).

Décomposition de la déformation

$$\varepsilon_t = \varepsilon_{th} + (\varepsilon_\sigma + \varepsilon_c) + \varepsilon_r$$

ε_t : déformation totale
ε_{th} : déformation due à dilatation thermique
ε_σ : déformation due aux contraintes
ε_r : déformation due à éventuelle contrainte résiduelle
ε_c : déformation due au fluage

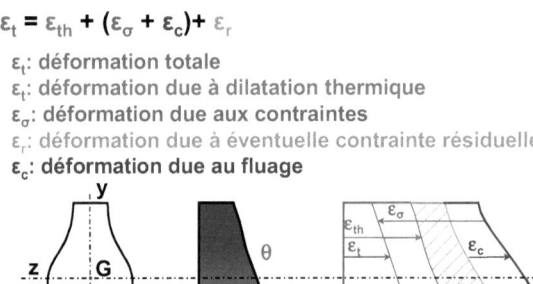

Figure 12 : *Décomposition de déformation du matériau dans la modélisation numérique* [3]

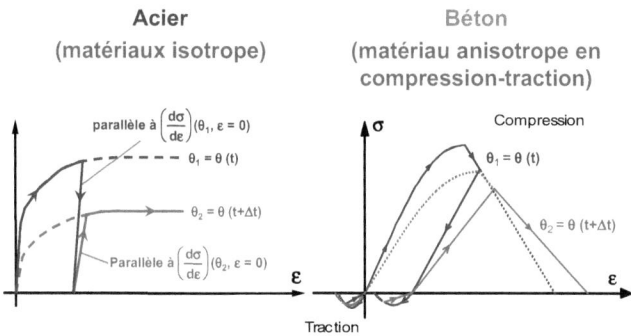

Figure 13 : *Modèle de matériau cinématique pour tenir compte de l'évolution de température* [3]

En comparaison aux *méthodes simplifiées*, les modèles de calcul avancés, étant basés sur les **propriétés caractéristiques des matériaux** et sur la **réalité des phénomènes physiques**, permettent d'évaluer de manière *plus précise le comportement au feu des structures*. Ils s'appliquent aux effets des *incendies naturels* et aux effets de l'*incendie normalisé*. Ils peuvent être utilisés pour l'analyse d'éléments de constructions isolés, l'analyse de sous-ensembles ou encore pour l'analyse de structure globale incluant l'interaction des éléments entre eux. Ils permettent en outre de traiter les éléments ou ensemble structuraux qu'il est pratiquement impossible de tester du fait des dimensions limitées des fours. En revanche, l'analyse avec de tels modèles représente un *calcul complexe* nécessitant l'emploi de *logiciels sophistiqués* sur ordinateur. Outre la prise en compte des données géométriques, cette modélisation nécessite de connaître, ou pour le moins d'estimer les caractéristiques **thermomécaniques** des matériaux concernés. Ceci peut présenter certains handicaps lorsque sont mis.

A titre Indicatif, les caractéristiques et la formulation du logiciel **LENAS** (qui entre dans le cadre des modèles de calcul avancés) sont présentées **Annexe 1**. On peut rappeler que ce modèle sera utilisé dans le cadre de ce travail pour mettre au point une *modélisation numérique des pieds de poteau articulé en acier*.

V. PIEDS DE POTEAUX EN ACIER

D'une manière générale, les pieds de poteaux en acier sont réalisés à l'aide de blocs de béton coulés dans le sol et sur lesquels sont assemblés les poteaux, au moyen d'une platine d'about soudée à leur extrémité et maintenue au bloc de béton par l'intermédiaire de deux ou quatre tiges noyées dans un massif ou fondation en béton. Ils peuvent être *articulés* ou *encastrés*.

V.1. Dispositions constructives des pieds articulés

En pratique, il existe différents pieds de poteau en acier. Ils sont brièvement présentés ci-dessous. Seul le *pied de poteau n°1* sera étudié dans le cadre de ce travail, celui-ci étant très couramment utilisé dans les entrepôts métalliques à simple rez-de-chaussée.

- **Disposition constructive 1 :** Platine d'extrémité seule (tiges avec bêche ou sans bêche)

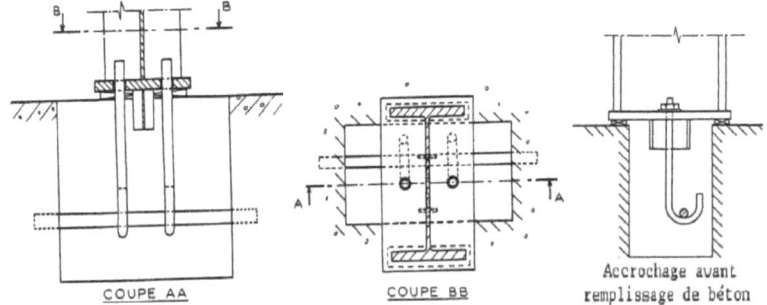

Figure 14 : Pied de poteau avec platine seule, avant remplissage de l'alvéole [19]

- **Disposition constructive 2 :** Platine d'extrémité et plaque d'assise

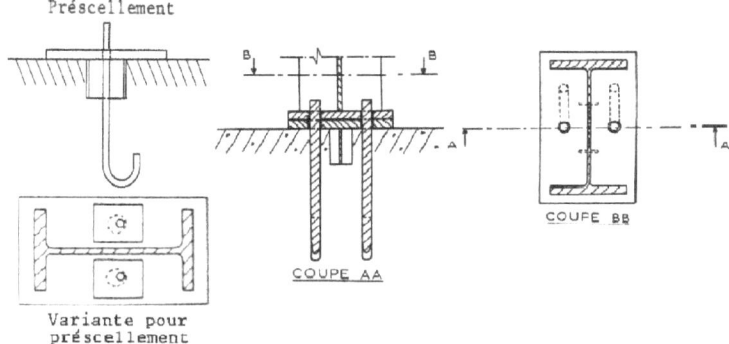

Figure 15 : Platine d'extrémité et plaque d'assise [19]

- **Disposition constructive 3 :** Cornière et plaque d'assise

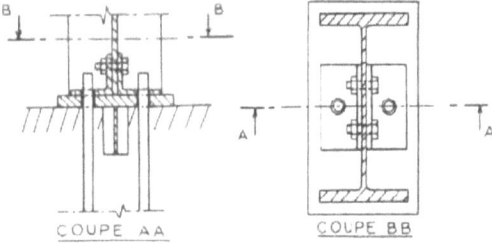

Figure 16 : Cornières et plaque d'assise [19]

- **Disposition constructive 4 :** Platine d'extrémité, plat intermédiaire et plaque d'assise

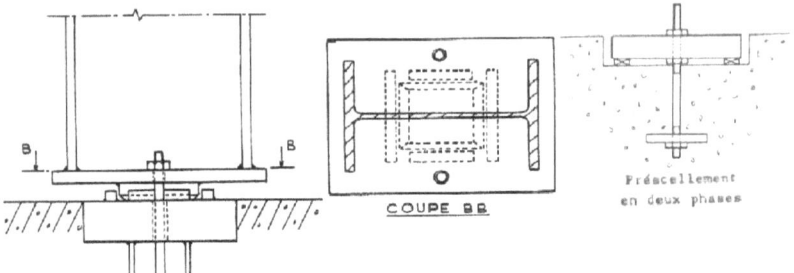

Figure 17 : *Platine d'extrémité, plat intermédiaire et plaque d'assise* [19]

V.2. Modes de ruine

La *sollicitation ultime* de la liaison est donnée par la courbe d'interaction effort normal-moment. Les différents modes de ruine susceptibles de se produire sont :
- plastification du *poteau* dans la zone d'assemblage
- plastification de la *platine* sous l'action des tiges
- plastification de la *platine* sous l'action de l'appui sur le béton
- plastification des tiges
- rupture d'ancrage tige – béton (pas dans le cas d'une conception courante)
- rupture du bloc de fondation
- rupture de la liaison fondation -sol (en général surdimensionnée)

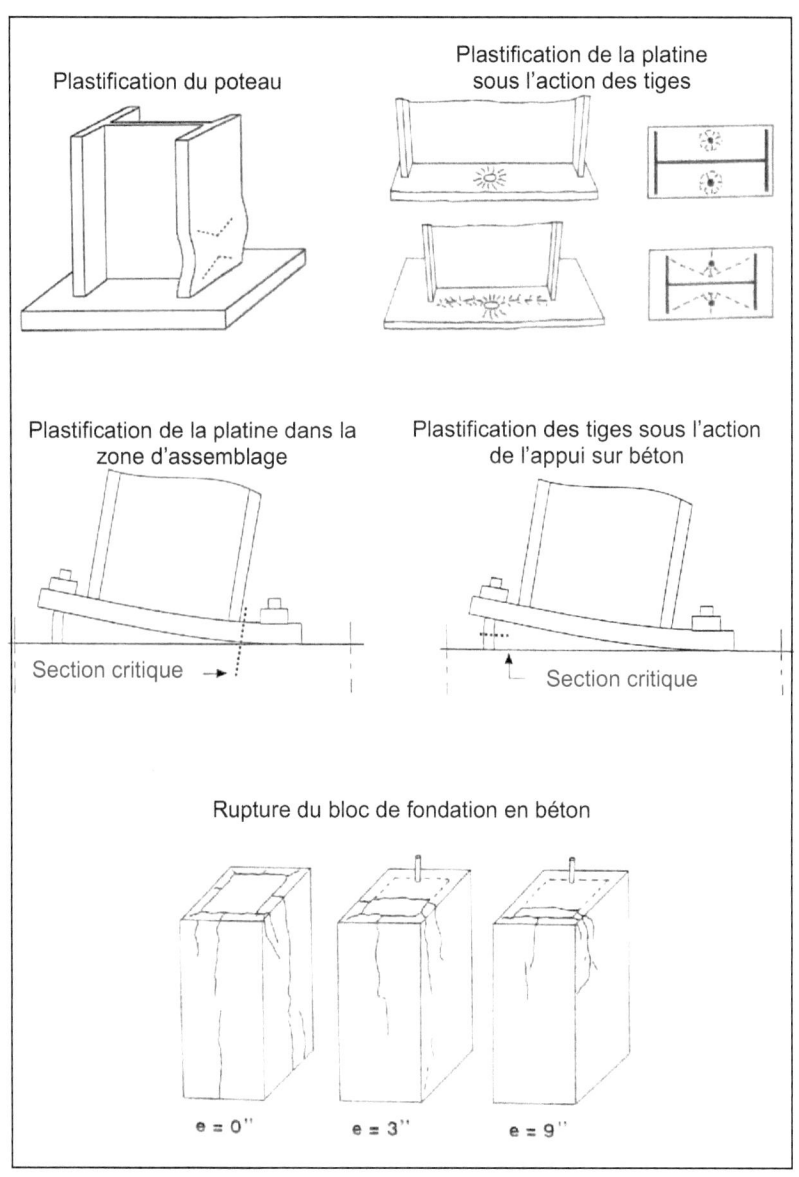

Figure 18 : Différents modes de ruine du pied de poteau [22]

V.3. Résistance des pieds de poteaux articulés en acier
V.3.1. Expérimentation à froid

Afin d'étudier le comportement des pieds de poteaux en acier, douze essais expérimentaux ont été réalisés sur pieds de poteaux à deux ou quatre tiges d'ancrage.

Le montage expérimental et les caractéristiques des pieds de poteaux sont présentés à la *figure 19*. Le principe de ces essais est le suivant : une charge de compression F1 est progressivement appliqué en tête de poteau, jusqu'à atteindre le niveau fixé. Ensuite, cette charge est maintenue constante pendant toute la durée de l'essai et une charge verticale F2 est appliquée progressivement jusqu'à la ruine des pieds de poteaux. Trois niveaux de charges ont été choisis pour F_1 : à savoir, 100, 600 et 1000 KN.

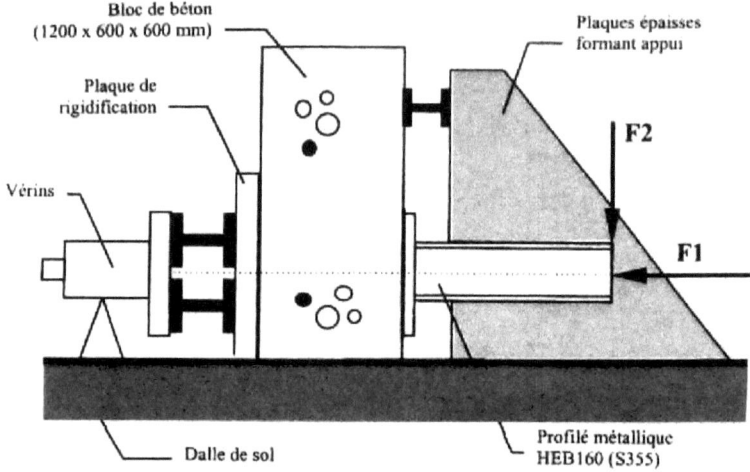

Figure 19 : *Schéma de la configuration d'essai* [20]

Lors de ces essais, des mesures de déplacements (translations et rotations) et de déformations au niveau des tiges d'ancrages ont été réalisés. Elles ont permis de caractériser les lois Moment-rotation des pieds de poteaux.

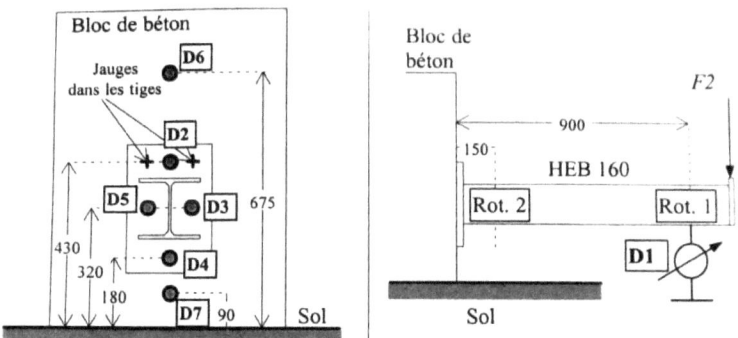

Capteurs de déplacements, D_1 à D_7 ;
Inclinomètres, ROT_1 et ROT_2 (mesure directe des rotations absolues) ;
Jauges cylindriques de déformation, placées dans les tiges d'ancrage, J_1 et J_2

Figure 20 : Instrumentation des essais [20]

Les principaux résultats des essais obtenus sur les pieds de poteau à deux tiges d'ancrage sont reportés dans le *tableau* III. Ils serviront à la validation de notre modélisation numérique.

Tableau III : Grandeurs caractéristiques des essais expérimentaux

Nom	Tiges	Epaisseur platine mm	Effort axial kN	$S_{j,ini}$ kN.m/mrad	$M_{Ru,test}$ kN.m	Mode de ruine
PC2.15.100	2	15	100	0,9	40	Ruine des tiges d'ancrage
PC2.15.600	2	15	600	5,5	56	Ruine des tiges d'ancrage
PC2.15.1000	2	15	1000	7	63	Ecrasement du béton
PC2.30.100	2	30	100	0,75	35	Ruine des tiges d'ancrage
PC2.30.600	2	30	600	4,6	57	Ruine des tiges d'ancrage
PC2.30.1000	2	30	1000	5,2	75	Ruine des tiges d'ancrage

$S_{j,ini}$ **(raideur initiale)** : pente de la partie initiale de la courbe moment-rotation ;

$M_{Ru,test}$ **(résistance ultime)** : sommet de la courbe moment-rotation.

V.3.2. Méthode de dimensionnement

L'Eurocode 3 ne traite que très partiellement le calcul et la conception des pieds de poteaux articulés. Aussi, la référence à utiliser en la matière l'ouvrage de *Yvon Lescouarc'h*. Les dispositions constructives et les méthodes de calcul y sont exposées en détail mais nous rappelons brièvement ici les principaux problèmes à résoudre. Ces problèmes sont fonctions des composants ou des efforts à transmettre et de la capacité de la section en pied de poteau à tourner librement. En particulier, la fonction première de la platine d'extrémité est de répartir sur le béton de la fondation la charge verticale de compression. Ses dimensions sont choisies de façon à ce que la pression moyenne sur le béton soit admissible. Par ailleurs, la *plaque* étant *raidie par le poteau*, il en résulte une déformation non uniforme et donc une mise en flexion de la plaque sous effort normal en compression comme en traction. Les critères adéquats sur les contraintes admissibles en flexion permettent de déterminer l'épaisseur de la platine. Les *tiges d'ancrage* servent uniquement à repende les efforts verticaux de *traction*. Leur dimension (diamètre et longueur de la tige) dépend de la résistance à la traction de la section résistance de la tige et des caractéristiques d'adhérence et de résistance du béton.

V.3.3. Méthode de calcul de la résistance et de la rigidité des pieds de poteaux

La littérature fait état de différentes méthodes, *empiriques* ou *théoriques*, permettant d'évaluer par le calcul la *résistance* et le *comportement* des pieds de poteaux. Dans ce paragraphe, on s'est attaché à présenter succinctement les principales méthodes de calcul.

1. *Modèle analytique*

Un modèle analytique relativement simple pour le calcul du moment ultime M_u et du moment résistant de calcul M_{Rd} des pieds de poteaux liaisonnés à une fondation en béton par l'intermédiaire de deux ou quatre tiges d'ancrage. Le modèle est basée sur la méthode des composante *qui considère le pied de poteau comme un ensemble de composantes* (platine, massif de béton, tiges d'ancrage poteau) *qu'il faut combiner afin d'obtenir les caractéristiques du pied de poteau.*

Le moment de flexion maximal qui peut être appliqué au pied de poteau en concomitance à un effort de compression **N_{Rd}** est le suivant:

$$M_{RD} = \frac{1}{2}\left(h_{eff} - \frac{N_{Rd}}{0.8 b_c f_j}\right) N_{Rsd}$$ lorsque les tiges d'ancrages ne contribuent pas à la résistance ;

$$M_{RD} = 0.8 b_c h_{cpr} f_j \left(\frac{h_{eff} - h_{cpr}}{2}\right) + F_b \left(\frac{h_{eff}}{2} + h' - d\right)$$ lorsque les tiges d'ancrages contribuent à la résistance.

Où : f_j est la résistance du béton, b_c est hauteur de section du poteau, h_{eff} est hauteur effective de la platine équivalente, h_{cpr} est hauteur de la partie comprimée et d est la distance entre le bord tendu de la platine (zone tendue) et l'axe des tiges d'ancrage (voir figure 21).

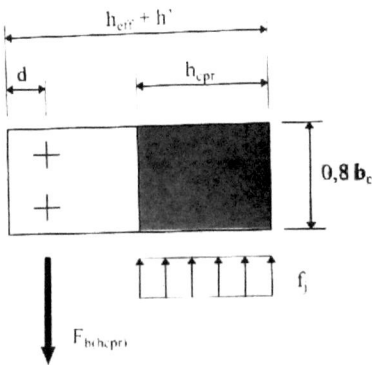

Figure 21 : Distribution d'efforts internes [20]

En dépit de sa simplicité, ce modèle présente de bonnes concordances avec les résultats des essais auxquels il a été comparé.

2. *Modèle numérique*

Ce modèle permet de caractériser la réponse non linéaire jusqu'à la ruine des pieds de poteaux articulés en acier. Il est également basé sur la méthode des composantes. En particulier, le pied de poteau est modélisé à l'aide des éléments suivants (voir *figure 22*) :

- Ressorts extensionnels (notés 1) modélisant la déformation du profilé de poteau. Ces ressorts travaillent bien en traction qu'en compression ;

- Ressorts extensionnels (notés 2) modélisant la déformation de l'ensemble « tiges+platine » en traction. Un seul ressort est utilisé pour modéliser une rangée de tiges. Il travaille uniquement en traction ;
- Ressorts extensionnels (notés 3) modélisant le béton sous la platine. Ils travaillent uniquement en compression ;
- Ressorts flexionnels (notés 4) utilisés pour modéliser la déformation plastique de la platine sous l'effet de la compression. On remarquera que ces ressorts ne sont pas activés lorsque la partie débordante de la platine se situe en zone tendue et n'est donc plus en contact avec le béton. Dans ce cas, la déformabilité de cette dernière est déjà prise en compte dans les ressorts extensionnels modélisant « tiges+platine »

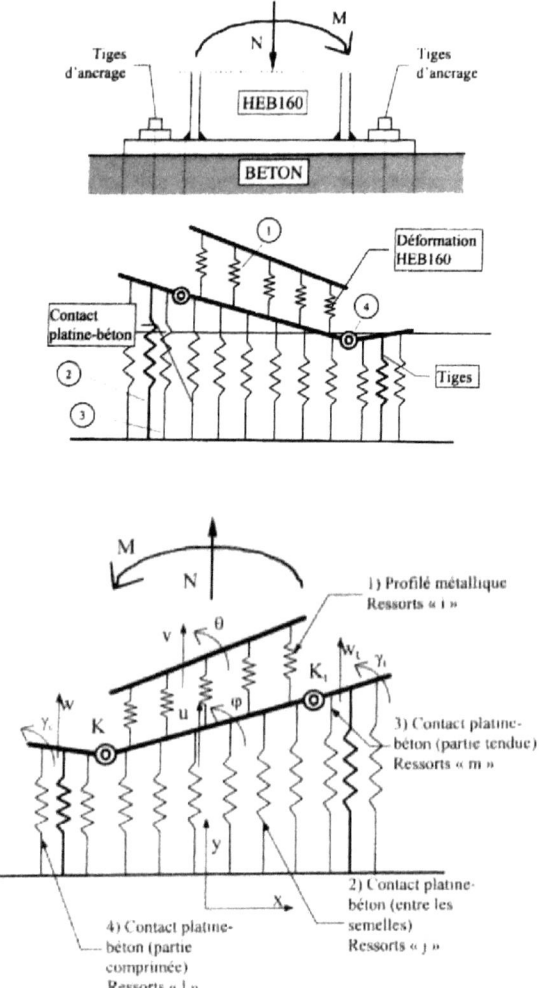

Figure 22 : Modélisation des liaisons de pieds de poteau [21]

Pour éviter de devoir considérer explicitement la <u>flexibilité de platine</u>, le concept de **platine rigide équivalente** est utilisé. Toutefois, contrairement au modèle analytique qui n'avait pour but que de calculer la résistance de la liaison, toute la plage de chargement, au cours de laquelle l'excentricité de l'effort normal varie très fortement, est considérée dans ce cas. A cet égard, le choix d'une platine rigide équivalente rectangulaire ne convient pas pour décrire certaines gammes d'excentricité.

Une idéalisation de la platine, illustrée à la *figure 23* ci-dessous et très proche de celle recommandée par l'annexe **L** de l'Eurocode 3 [1], est dès lors retenue.

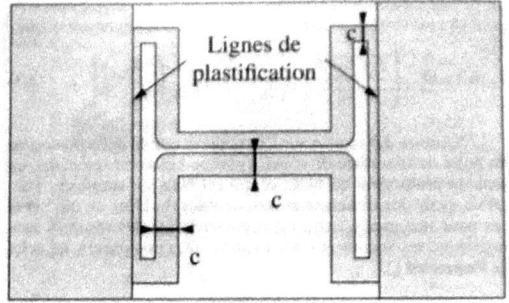

Figure 23 : Définition de la platine rigide équivalente pour le modèle [21]

Le modèle développé nécessite d'introduire les lois qui régissent le comportement de chacune des composantes. Les lois suivantes sont reportées sur la *figure 24*:

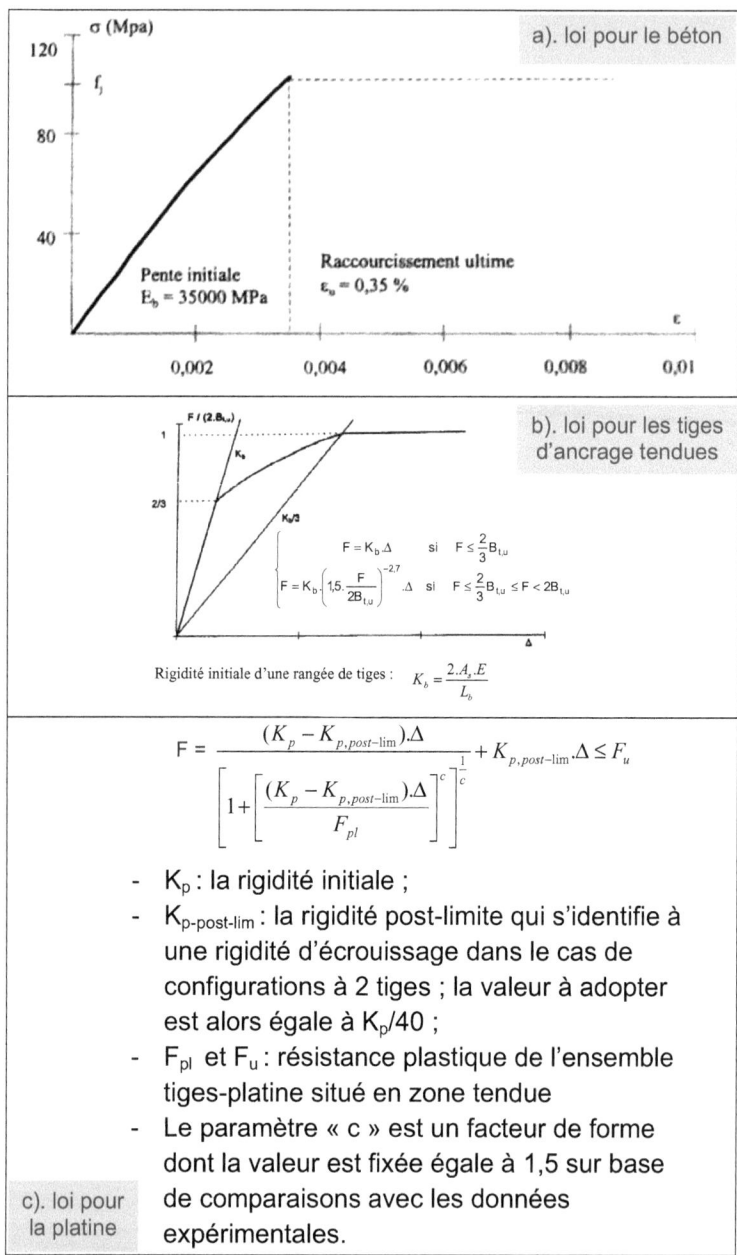

- K_p : la rigidité initiale ;
- $K_{p\text{-post-lim}}$: la rigidité post-limite qui s'identifie à une rigidité d'écrouissage dans le cas de configurations à 2 tiges ; la valeur à adopter est alors égale à $K_p/40$;
- F_{pl} et F_u : résistance plastique de l'ensemble tiges-platine situé en zone tendue
- Le paramètre « c » est un facteur de forme dont la valeur est fixée égale à 1,5 sur base de comparaisons avec les données expérimentales.

Figure 24 : Lois de comportement adoptées pour chacune des composantes [21]

VI. **CONCLUSION**

D'après ces études bibliographiques on peut bien comprendre sur l'effet de la température sur le comportement des structures en acier à l'incendie. Les propriétés mécaniques des aciers (module d'élasticité, limite élastique,...) diminuent avec l'augmentation de température dans les éléments.

D'une autre part, on observe qu'un pied de poteaux se constitue des composantes qui influent sa mode de ruine et résistance d'ensemble. Donc, avec la modélisation des pieds de poteaux ce que l'on propose pour étudier le comportement au feu de structure métallique, on doit analyser sur le comportement et la résistance de toutes les composantes du pied modélisé.

CHAPITRE 2

MODELISATION NUMERIQUE DES PIEDS DE POTEAUX ARTICULES ET VALIDATION PAR COMPARAISON AUX RESULTATS D'ESSAIS REALISES A FROID

―――――――

Afin d'étudier leur influence sur le comportement au feu des portiques métalliques, une modélisation numérique des pieds de poteau en acier articulés a été développée à l'aide du logiciel LENAS. Cette modélisation a été confrontée à des résultats d'essais réalisés à froid pour vérifier sa bonne représentativité vis-à-vis de la réalité.

I. MODELISATION NUMERIQUE DES PIEDS DE POTEAU

L'objectif est de proposer une modélisation numérique des pieds de poteaux articulés constitués (voir *figure 25*) :
- D'une platine soudée à l'extrémité d'un profilé métallique de type I ou H ;
- De deux tiges d'ancrage (noyées dans le béton) situées de part et d'autre de l'âme du profilé métallique ;
- D'un massif en béton et une éventuelle chape de béton.

Cette modélisation se fait à l'aide du logiciel LENAS. Nous présentons ci-après les principales hypothèses adoptées.

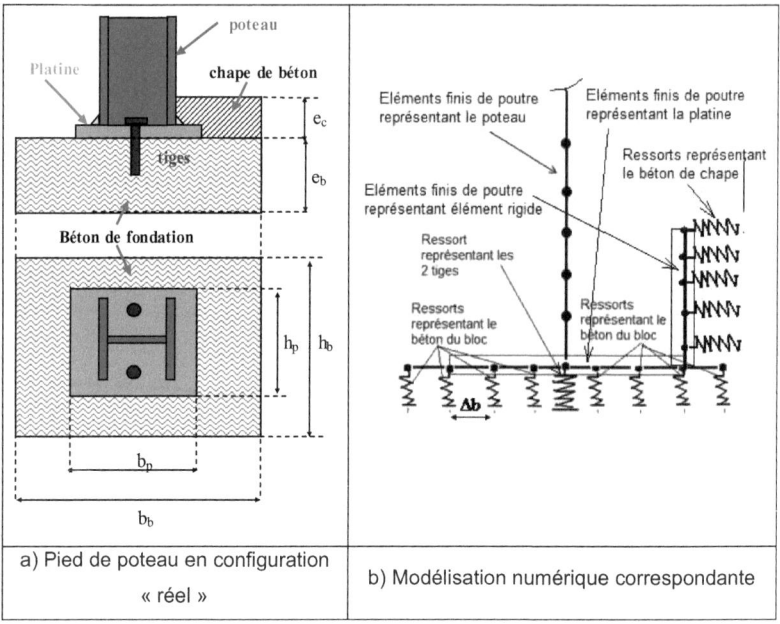

| a) Pied de poteau en configuration « réel » | b) Modélisation numérique correspondante |

Figure 25: *Modélisation des pieds de poteau articulés utilisée dans LENAS*

Un pied de poteau articulé est modélisé à l'aide des éléments suivants (voir *figure 25*) :

- Le poteau et la platine sont discrétisés longitudinalement en plusieurs éléments finis de poutre. La liaison poteau-platine est supposé rigide. Pour prendre en compte la rigidification de la platine par le profilé et en considérant que la platine est suffisamment épaisse pour qu'il ne se produise aucune ruine à son niveau, la partie de la platine située entre les semelles du poteau est considérée comme infiniment rigide (on augmente son *épaisseur* jusqu'à sa valeur EI égale à EI du poteau). En revanche, la partie débordante de la platine (au-delà des semelles du profilé) reste flexible et déformable ;

- Les deux tiges sont modélisées à l'aide d'un ressort unidimensionnel. Ce ressort travaille uniquement en traction. Du fait de la perte généralement très rapide de l'adhérence entre les tiges tendues et le béton, les tiges sont libres de se s'allonger sur toute leur longueur ;
- Le contact entre le massif de béton et la platine est modélisé à l'aide d'un nombre fini de ressorts, chacun relatif à une petite partie de la zone de contact (noté Δb sur la *figure 25*). Ces ressorts travaillent uniquement en compression. Seule la partie du massif de béton situé directement sous la platine est pris en compte dans la modélisation. Cette simplification peut être justifiée par le fait que cette zone de béton travaille le plus et est la plus sollicitée ;
- Le contact entre la *chape de béton* et le poteau est également modélisé à l'aide d'un nombre fini de ressorts, chacun relatif à une petite partie de la zone de contact Δc. Ces ressorts travaillent *uniquement en compression*. Ils sont désactivés en l'absence de chape. Par ailleurs, ce contact s'effectuant au niveau d'une des semelles du profilé, des éléments rigides ont été introduits dans la modélisation pour prendre plus précisément la localisation exacte de ces ressorts et leur effet sur le comportement du pied de poteau ;
- Le comportement de l'acier du profilé métallique et de la platine est pris conforme à la relation donnée dans l'Eurocode 3 Partie 1.1 : Pour rappel, la loi constitutive contrainte-déformation est élastique-plastique parfaite ;

- Chaque ressort est caractérisé par une loi du type Force-Déplacement, dont les grandeurs caractéristiques dépendent de la composante modélisée : massif béton, chape béton ou tiges (voir *figure 26*). Pour le massif de béton, par souci de simplification, il a été supposé que la déformation en un point de la surface de contact avec la platine est constante sur toute la hauteur du bloc. La loi Force-déplacement adoptée est bilinéaire. Elle est basée sur une déformation limite admissible du béton prise égale à ε_{cu}=0,35% pour prendre en compte le *confinement* du béton (qui a pour effet d'augmenter la résistance à la compression du béton ainsi que la déformation ultime à la compression). Le module d'élasticité du béton adopté conventionnellement pour les calculs (sauf pour les effets différés), E_{cm} est un *module sécant* mesuré entre σ_c = 0 et 0,4 f_{cm}. Il peut être estimé à l'aide de la relation suivante : E_{cm} (GPa) = $22.[(f_{cm})/10]^{0,3}$ avec f_{cm} en MPa. Pour la chape de béton, le même type de loi a été adopté en considérant une déformation limite admissible du béton prise égale à ε_{cu}= 0,2% ;
- Pour *les tiges*, une loi Effort-déplacement tri-linéaire proche de la formulation proposée par [21] a été adoptée. L'adhérence entre les tiges d'ancrage tendues et le béton qui les entoure est rompue de manière très précoce ; en conséquence, il est licite de considérer, dès le départ, que les tiges sont libres de s'allonger sur toute leur longueur, mesurées depuis la *naissance de la partie courbe jusqu'à mi-épaisseur de l'écrou*, soit environ 25cm (voir *figure 25*).

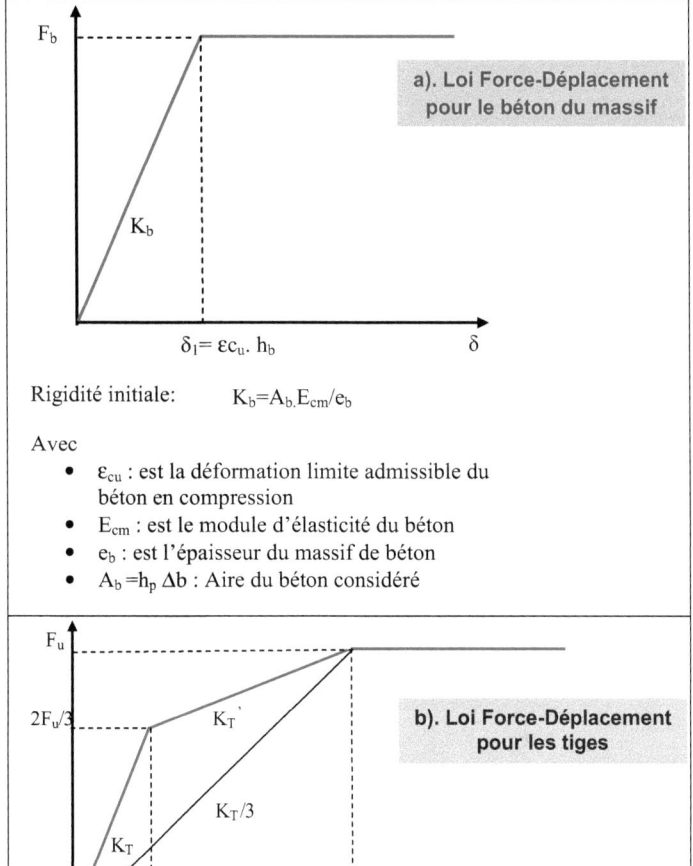

Rigidité initiale : $K_b = A_b \cdot E_{cm}/e_b$

Avec
- ε_{cu} : est la déformation limite admissible du béton en compression
- E_{cm} : est le module d'élasticité du béton
- e_b : est l'épaisseur du massif de béton
- $A_b = h_p \Delta b$: Aire du béton considéré

Rigidité initiale d'une rangée de tiges : $K_T = 2 \cdot A_s \cdot E_a / L_b$

Résistance ultime d'une rangée de tiges : $F_u = 2 \cdot k \cdot A_s \cdot f_{ub}/\gamma_{mb}$

Avec
- A_s : section résistante d'une tige en traction
- k : rapport entre la limite d'élasticité f_{yb} et la résistance à la traction f_{ub}
- f_{ub} : limite ultime des tiges d'ancrage
- γ_{mb} Coefficient partiel de sécurité pour les tiges
- E : module d'élasticité de l'acier des tiges
- L_b : longueur effective des tiges

Figure 26 : Loi caractéristique des ressorts de la modélisation

II. COMPARAISON DE LA MODELISATION AVEC LES RESULTATS D'ESSAIS

II.1. Présentation succincte des essais

Les exemples traités ici, au nombre de 3, sont les résultats d'essais effectués dans le cadre d'une la recherche sur le comportement des pieds de poteaux en acier articulés [20].

Le principe de ces essais à déjà été présenté dans la partie bibliographique. C'est pourquoi, seules les principales caractéristiques des pieds de poteaux qui ont été retenus pour la comparaison avec notre modélisation sont présentées ici (voir *figure 27*). Il s'agit de pieds de poteau articulés constitués :

- D'un profilé métallique HEB160 en nuance d'acier S355 ;
- D'une platine 220x220x15mm en nuance d'acier S235 ;
- De deux tiges d'ancrage M20 de nuance 10.9 ;
- D'un massif en béton 600x600x1200 mm ayant une résistance à la compression f_c = 45,3 MPa.

Pour rappel, une charge de compression F1 est progressivement appliqué en tête de poteau, jusqu'à atteindre le niveau fixé de 100, 600 ou 1000 KN. Ensuite, cette charge est maintenue constante (perpendiculaire au profilé métallique) pendant toute la durée de l'essai et une charge verticale F2 est appliquée progressivement jusqu'à la ruine des pieds de poteaux.

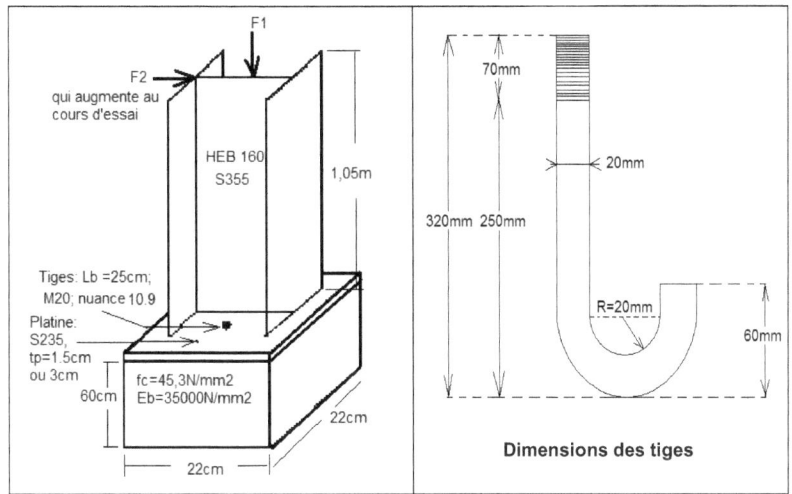

Figure 27 : *Caractéristiques des pieds de poteau testés à froid*

II.2. Modalités des simulations

Le comportement des pieds de poteau a été simulé à l'aide de la modélisation numérique présentée au paragraphe précédent, en désactivant les ressorts représentant la chape de béton (*absence de chape dans les essais*). Toutefois, avant d'effectuer les calculs, il est nécessaire de "calibrer" les lois Force-Déplacement des ressorts (voir *figure 26*) en fonction des caractéristiques géométriques et matérielles des pieds de poteaux étudiés.

1/. Caractéristiques des ressorts représentant le *massif de béton*

Raideurs : $K_b = A_b \cdot E_{cm} / h_b$

Où :

$E_{cm} = 22 \cdot [(f_{bc})/10]^{0,3} = 22 \, (45,3/10)^{0,3} = 34614$ MPa

f_{bc} : Résistance caractéristique de compression du béton, f_{bc} = 45,3 MPa

A_b = section de chaque bande de béton correspondant au ressort, A_b= 22cm x (3cm/2) (pour ressorts à l'extrémité de la platine), ou A_b= 22cm x 3cm pour des ressorts intermédiaires (si l'on discrétiser le massif en ressorts de 3cm d'espacement ; et pour notre cas on discrétiser en 9 ressorts).

Déplacement admissible :

$$\delta = \varepsilon_u \cdot h_b = 0{,}0035 \times 60\text{cm} = 0{,}21\text{cm}$$

Où : ε_u = 0,35% et h_b : Epaisseur du massif de béton aux pieds de poteaux, soit h_b = 0,60m

2/. Caractéristiques des ressorts représentant les *tiges d'ancrages*

Raideurs :

$$K_T = 2A_s E_a / L_b = 500 \text{ T/cm}^2$$
$$K_T' = (37{,}4 - 25)/(0{,}25 - 0{,}05) = 62 \text{ T/cm}^2$$

Avec :

E_a : Module d'élasticité des tiges d'ancrage,
E_a = 210000 MPa

A_s : Section transversale d'une tige d'ancrage,
$A_s = \Pi \times (2^2/4) = 3{,}14 \text{cm}^2$

L_b : Longueur effective de la tige, L_b = 25cm

Déplacements admissibles :

$\delta_1 = 2F_u/3K_T$ = 0,05 cm ($2F_u/3$ = 250kN)

$\delta_2 = 3F_u/K_T = 0,25$ cm

Avec : $F_u = 187$ KN x **2** = 374kN (**2** tiges)

II.3. Résultats et analyse des simulations numériques

Les principaux résultats des simulations numériques qui ont été réalisées sur les pieds de poteaux précédents (*modes de ruine, moments résistants, courbes Moment-Rotation...*) sont présentés ci-après. Ils sont comparés aux observations expérimentales.

II.3.1. Mode de ruine des pieds de poteaux

Afin de connaitre le *mode de ruine* des pieds de poteau et déterminer la composante (massif béton, tige, platine, ou profilé) à l'origine de cette ruine, l'allongement de chaque ressort en fonction des efforts appliqués (pour le massif de béton et les tiges) ainsi que l'état de plastification de la platine et du profilé métallique sont analysées.

II.3.1.1. *Massif de béton*

La *figure 28* présente pour chaque essai (différencié par la charge appliquée au poteau 100, 600 ou 1000 KN) la courbe « *force-allongement* » pour le ressort du massif de béton le plus déformé (situé sous la semelle comprimée du profilé). Ces courbes sont comparées aux courbes imposées dans le modèle pour connaitre l'état de compression du béton et vérifier si la déformation reste inférieure à la déformation limite correspondant à **l'écrasement** du **béton**. Pour rappel, l'écrasement du béton est obtenu lorsque l'allongement du ressort est supérieur au déplacement limite admissible fixé dans la modélisation.

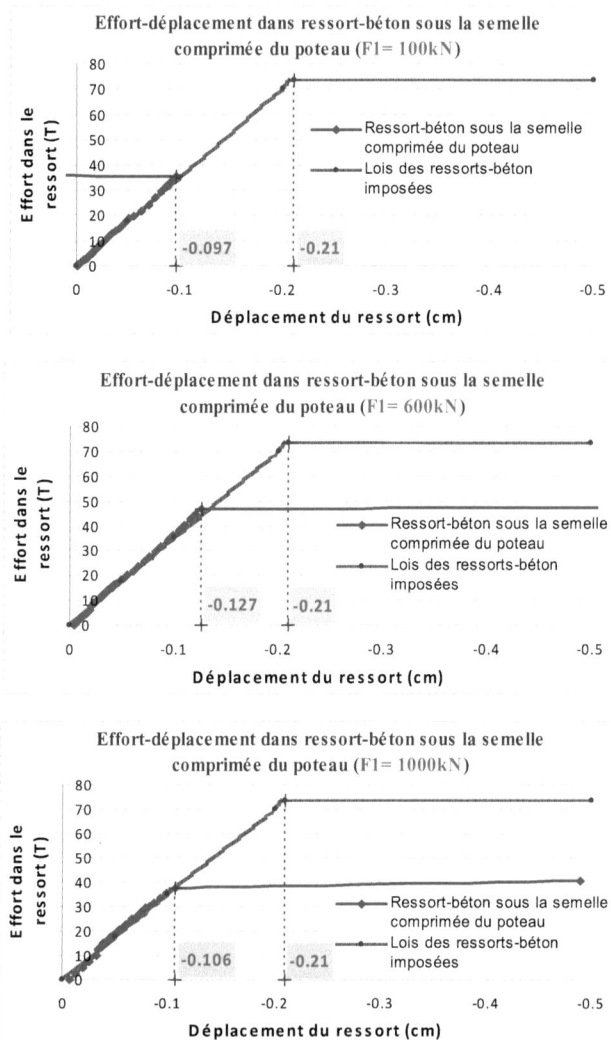

Figure 28 : Courbe « effort-allongement » obtenue numériquement pour le ressort du massif de béton le plus déformé

Après examen de ces courbes, on constate que pour tous les essais, l'allongement du ressort reste inférieur au déplacement limite admissible imposé. Il n'y a donc pas d'écrasement du béton et pas conséquent aucune ruine au niveau du massif de béton, qui présente encore suffisamment de résistance pour supporter les efforts appliqués.

II.3.1.2. *Tiges d'ancrage*

Nous vérifions maintenant si la ruine des pieds de poteau est due à celle des tiges d'ancrage. Pour chaque essai, la courbe « force-allongement » du ressort représentant les tiges est donc comparée à la courbe imposée dans le modèle pour vérifier si l'effort exercé dans les tiges reste inférieure à résistance à la traction (voir *figure 29*).

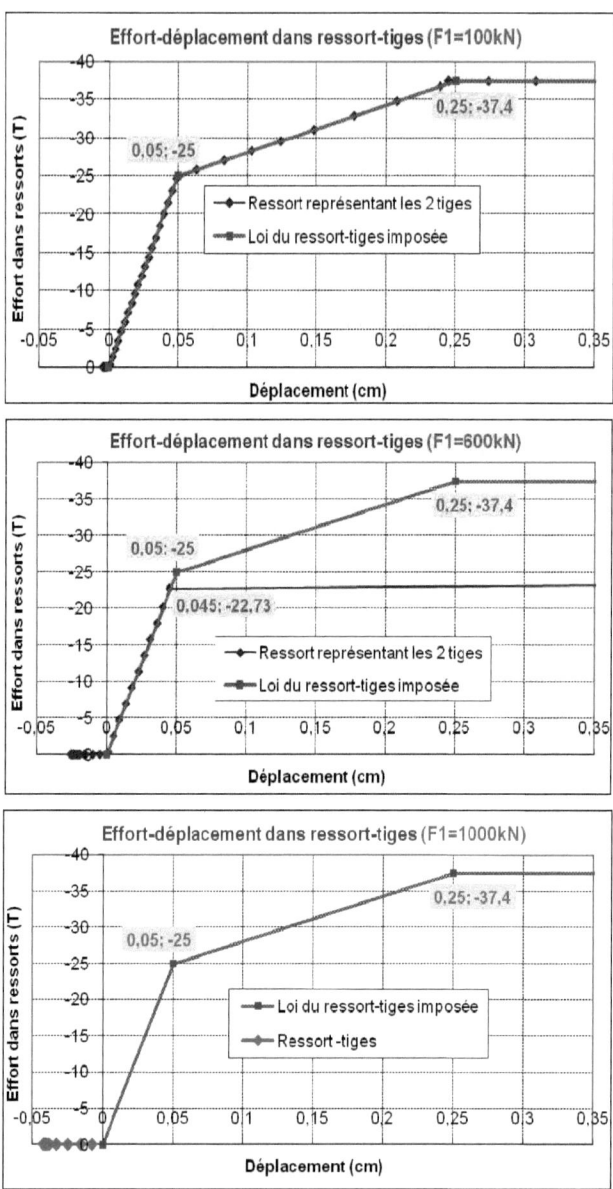

Figure 29 : *Lois de comportement des ressorts représentant les tiges par notre modèle*

A partir de l'examen de la figure précédente, on constate que :

- Pour le premier essai (cas de *charge F1= 100kN*) : on constate que lorsque l'effort F2 atteint la valeur de 26,01KN, l'allongement du ressort devient supérieur au déplacement limite admissible imposé. Il y a donc une plastification des tiges qui ruine par excès de traction (*rupture des tiges*) et qui entraine la ruine du pied de poteau.

- Pour le deuxième essai (cas de *charge F1= 600kN)*, compte tenu de la valeur élevée de l'effort de compression, les tiges sont comprimées puis avec l'augmentation des moments fléchissant (due à l'augmentation de l'effort F2 et à la déformée du pied de poteau), les tiges entrent en traction. Malgré l'augmentation des efforts, l'allongement du ressort reste inférieur au déplacement limite admissible imposé. Il n'y a donc pas de rupture des tiges par excès de traction.

- Pour le troisième essai (cas de *charge F1=1000kN*): on constate facilement qu'il n'y a pas de ruine des tiges (même raison que l'essai précédent) qui conserve suffisamment de résistance pour supporter l'effort de traction. Les tiges ne sont donc pas la cause de la ruine du pied de poteau; c'est donc à cause d'une autre composante : *platine ou profilé*.

II.3.1.3. *Platine soudée au profilé*

L'état de plastification de la partie débordante de la platine située du coté de la semelle comprimée du profilé est analysé. La platine est modélisé par l'intermédiaire d'éléments finis de type poutre.

En négligeant l'influence de l'effort tranchant (platine élancé avec un rapport épaisseur/ largeur suffisamment faible) l'état de plastification au niveau de la platine peut être vérifié à partir de la relation suivante:

$$\frac{N}{Np}+\frac{M}{Mp} \leq 1 \text{ ou } \geq -1 \text{ (**)}$$

Où :
- **N** et **M** sont les efforts appliqués à la platine, donnés par le modèle numérique
- N_p = $A \times f_y$ = (1,5×22)×2.35 = 77,5 T (Résistance plastique de la section)
- M_P = $W_{pl} \times f_y$ = 2×(22×1,5×1,5/2)×2,35 = 29,1 T.cm (Moment résistant plastique)

Il est à noter que la relation précédente donne une bonne approximation de l'état de plastification donnée par le modèle numérique.

L'évolution de $\frac{N}{Np}+\frac{M}{Mp}$ en fonction de l'effort **F₂** appliqué au pied de poteau est présenté dans la *figure 30* ci-dessous.

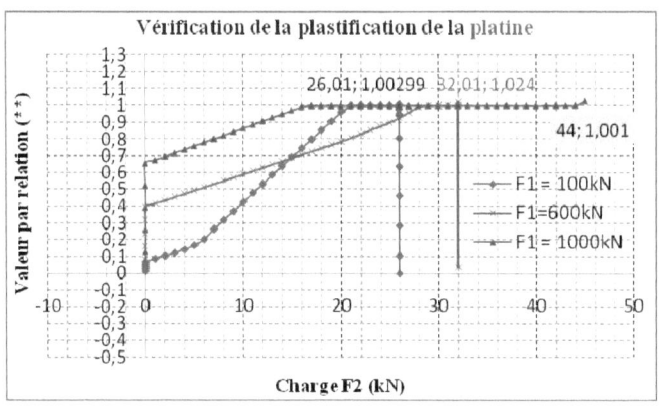

1. *Figure 30* : Vérification de la plastification de la platine en fonction de F2

A partir de ces valeurs, on constate que :

- Pour le premier essai (cas de **charge F_1 = 100kN**): Malgré l'augmentation des efforts, l'inégalité de la relation (**) est toujours vérifiée. Il n'y a donc pas de plastification de la partie débordante de la platine;
- Pour le deuxième essai (cas de **charge F_1 = 600kN**), lorsque l'effort F2 atteint la valeur de 32,01KN, l'inégalité de la relation (**) n'est plus satisfaite. Il y a donc une plastification de la partie débordante de la platine qui provoque la ruine du pied de poteau. On peut dire que le pied du poteau a *mode de ruine par plastification de platine*;
- Pour le troisième essai (cas de **charge F_1 = 1000kN**), l'inégalité de la relation (**) reste vérifiée jusqu'à la ruine du pied de poteau. Il n'y a donc pas de plastification de la platine.

II.3.1.4. Profilé métallique

En adoptant la même démarche que celle adoptée pour la platine, l'état de plastification de la base du profilé (situé au niveau de la platine) est analysé à partir de l relation (**),
Avec:
- $N_p = A \times f_y = 54{,}3 \times 3{,}55 = 192{,}765$ T
- $M_p = W_{pl,y} \times f_y = 354 \times 3{,}55 = 1256{,}7$ T.cm

L'évolution de $\dfrac{N}{Np} + \dfrac{M}{Mp}$ en fonction de l'effort F_2 appliqué au pied de poteau est présenté dans la *figure 31* ci-dessous.

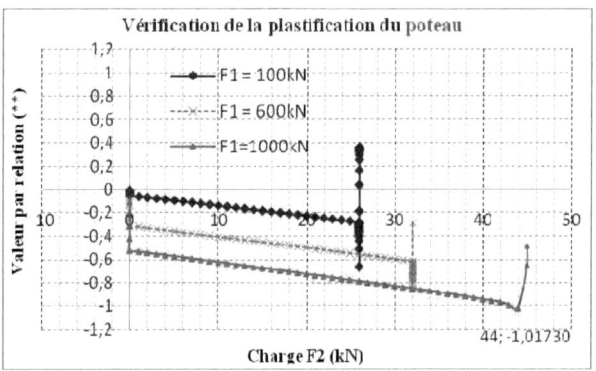

Figure 31 : *Vérification de la plastification du poteau en fonction de F2*

A partir de ces résultats, on constate que :
- Pour les deux premiers essais (cas de *charge F_1=100kN et F_1=600kN*), on constate que l'inégalité de la relation (**) est toujours vérifiée. Il n'y a donc pas de plastification de la base du pied de poteau pour ces deux cas;
- Pour le dernier essai (cas de *charge F_1=1000kN*): lorsque l'effort F_2 atteint la valeur de 44KN, l'inégalité de la relation

(**) n'est plus satisfaite, Il y a donc une plastification de la base du profilé métallique qui conduit à la ruine du pied de poteau.

II.3.1.5. *Conclusion*

On peut déduire la mode de ruine de pied de poteau pour chaque cas de charge axiale F1 :
- Pour le cas de charge F1 = 100kN : ruine des *tiges d'ancrage* (même que les essais) ;
- Pour le cas de charge F1 = 600kN : *plastification de la platine* (tandis que les essais : ruine des tiges d'ancrage) ;
- Pour le cas de charge F1 = 1000kN : *plastification du poteau* (tandis que les essais : Ecrasement du béton).

<u>Remarque</u> : Si on calcule avec ε_{cu} = 0,2% et E_{cm} = f_c/ε_{cu} (*Pas d'effet de confinement du béton*), on obtient le même mode de ruine que le cas de ε_{cu} et E_{cm} précédent pour les cas de F1=100KN et de F1=600kN. Par contre, pour le cas de *F1 = 1000kN*, on obtient le mode de ruine par *écrasement du béton* (même que les essais) ; c'est en raison de diminution de la rigidité du béton.

II.3.2. Moments résistants des pieds de poteau

Les *courbes Moment-rotation*, ainsi que les résistances ultimes (correspondant au plateau de ces courbes) obtenues numériquement sont comparées aux résultats expérimentaux.

Ces comparaisons sont données sur la *figure 32* pour chacun des essais. Les *moments résistants* prédis par notre modèle sont également comparées aux valeurs calculées avec un autre modèle (brièvement présenté dans la partie bibliographique) qui s'est montré en bon accord avec les résultats des essais.

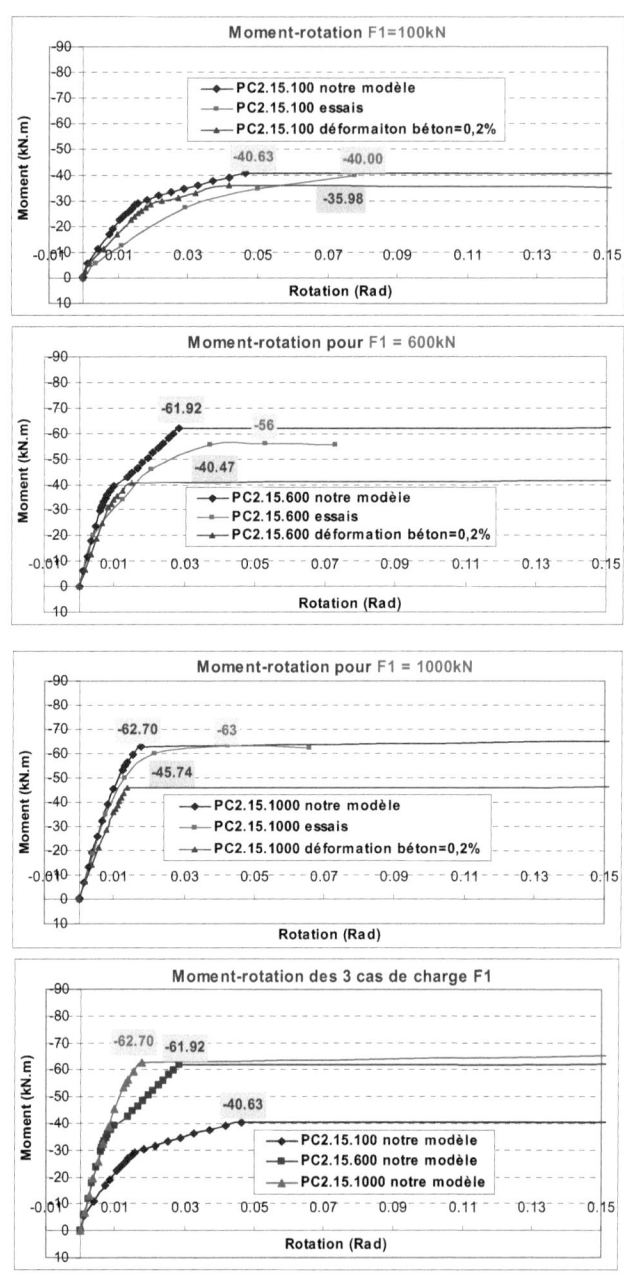

Figure 32 : *Courbes de moment- rotation au pied du poteau pour les 3 cas de charge F_1*

L'examen des courbes moment-rotation de la *figure 32*, montre que :

- Pour le premier essai (cas de *charge F_1 = 100kN*) : notre modèle (prend en compte l'effet de *confinement du béton*) donne une valeur du moment résistant très proche de celle calculé à l'aide du modèle de la littérature, (respectivement 40,63 kN.m et 40,91 kN.m). En revanche, le moment résistant dans le cas que l'on ne prend pas en compte l'effet de confinement du béton est plus petit que celui par des essais (35,98 kN.m et 40 kN.m), et il existe des différences notables entre les courbes moment-rotation, malgré une allure similaire et une pente à l'origine identique ;

- Pour le deuxième essai (cas de *charge F_1 = 600 kN*) : la valeur du moment résistant obtenu par notre modèle (prend en compte l'effet de *confinement du béton*) est un peu plus faible que celle calculée à l'aide du modèle de la littérature (respectivement 61,92 kN.m et 68,57 kN.m). En revanche, elle est légèrement supérieure au moment résistant mesuré lors de l'essai (présenté dans la partie d'études bibliographiques, à savoir 56 kN.m). Pas d'effet de confinement du béton, le moment résistant par notre modèle est plus petit que celui par des essais (40,47 kN.m et 56 kN.m) ;

- Pour le troisième essai (cas de *charge F1 = 1000kN*) : la valeur du moment résistant obtenu par notre modèle (avec effet de *confinement du béton*) est encore plus faible que celle calculée à l'aide du modèle de la littérature (respectivement 62,70 kN.m et 70,49 kN.m). Cette différence peut s'expliquer par le fait que numériquement la ruine du pied de poteau est obtenue par plastification de la base du profilé alors qu'elle s'est produite par écrasement du béton lors de l'essai. Par contre, si l'on compare le moment résistant calculé avec le moment résistant obtenu expérimentalement, on constate que l'écart est très faible (62,70kN.m et 63kN.m). Comme dans les deux cas précédents, le moment résistant par notre modèle (pas d'effet de confinement du béton) est plus petit que celui par des essais (45,74kN.m et 63kN.m).

Après analyse de tous les résultats, il apparait clairement que plus l'effort dans le poteau est important, plus la résistance flexionnelle (moment résistant) du pied de poteau est élevée. Globalement on constate un bon accord entre le modèle numérique et les essais pour la rigidité initiale (*pente de la partie initiale des courbes*) et la résistance ultime (*plateau de la courbe M-θ*).

Rappelons que ces deux caractéristiques sont généralement utilisées pour définir la loi Moment-rotation lorsque le pied de poteau est représenté par un *ressort rotationnel* dans une analyse globale de la structure. Par contre l'accord est un peu moins satisfaisant si l'on considère les courbes Moment-Rotation dans leur ensemble, mais reste tout à fait acceptable.

***** Les différences entre le modèle numérique et les résultats d'essais peuvent s'expliquer par:

o La façon de modéliser le massif de béton et de simuler son écrasement. Par souci de simplification, il a été supposé que la déformation et l'état de compression sont constants sur toute la hauteur du bloc, ce qui n'est pas la réalité. La ruine du béton par écrasement sous des *actions localisées* est un phénomène très complexe à modéliser;

o La charge de compression F_1 (et par conséquent le moment) réellement appliqué aux pieds de poteau. Avec le **modèle numérique utilisé** (logiciel LENAS-MT) cette charge reste toujours **verticale** malgré les déformations du poteau tandis qu'au cours des essais la charge F_1 est toujours appliquée perpendiculaire à la section transversale du profilé métallique. Aussi, avec les déformations du poteau, cette charge n'est plus verticale mais orientée suivant un **angle α** (voir *figure 33*), ce qui conduit à une décomposition de la charge en une composante *verticale* $F_{1,v}$ ($F_{1,v} = \cos\alpha \cdot F_1$) et une composante *horizontale* $F_{1,h}$ ($F_{1,h} = \sin\alpha \cdot F_1$). De ce fait, suite aux effets du second ordre, pour une même valeur de rotation (θ), le moment appliqué au pied de poteau est plus important dans nos simulations que le moment réellement appliqué au cours des essais. Plus la rotation θ est élevée, plus l'écart entre moments augmente, et plus les courbes Moment-Rotation entre modèle et essais s'éloignent. C'est pourquoi avec notre modèle, le pied du poteau atteint sa résistance ultime pour une valeur de rotation un peu plus faible. Par ailleurs, le fait d'avoir des efforts plus importants (effort de compression et moment fléchissant) conduit à des plastifications du poteau et de la platine qui n'ont pas été observé au cours des essais.

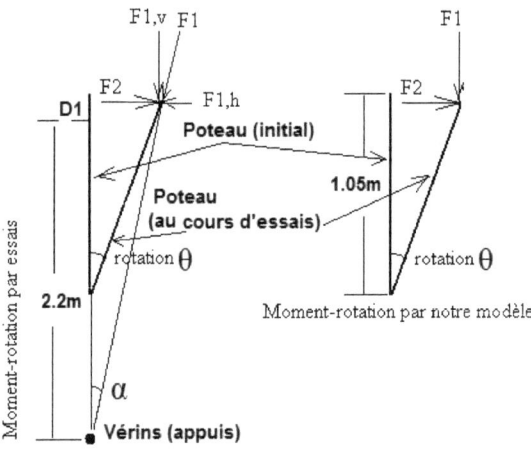

Figure 33 : *La différence entre la détermination des moments par essais et par notre modèle*

II.4. Conclusion sur la validité de notre modèle

En conclusion, les résultats de ce modèle mettent en évidence la valeur parfois très élevée de la résistance flexionnelle des pieds de poteaux qui sont habituellement considérées comme de simples rotules. La comparaison entre les courbes **Moment-Rotation** obtenues numériquement et celles déduites des essais réalisés à froid sur des pieds de poteaux en acier articulés montre dans l'ensemble une *corrélation satisfaisante*. La modélisation proposée peut donc être utilisée pour prédire avec une bonne précision le comportement des pieds de poteau et étudier leur influence sur le comportement au feu de portiques métalliques (en prenant en compte l'effet de *confinement du massif de béton*).

CHAPITRE 3

INFLUENCE DES PIEDS DE POTEAUX ARTICULES SUR LE COMPORTEMENT AU FEU DE PORTIQUES EN ACIER

Après avoir validé notre modélisation numérique des pieds de poteaux en acier articulés, nous l'utilisons afin d'étudier l'influence des pieds de poteaux articulés sur le comportement au feu d'un portique simple en acier soumis.

I. PRESENTATION DE LA STRUCTURE ETUDIEE ET HYPOTHESES DE CALCUL

I.1. Caractéristiques géométriques du portique

Le portique traité ici est relatif à un entrepôt constitué de portiques avec des pieds de poteau articulés à une seule travée, composés de profilés du commerce et ayant les caractéristiques données dans la *figure 34* et dans la *figure 35*. La portée des portiques est de 30m et la hauteur au faîtage est de 14m. Les poteaux sont des HEA550 de 12,5m de hauteur. Les arbalétriers, brisés, sont constituées également d'HEA550, avec une pente de 5%.

L'entraxe entre portique est de 6 m et l'espacement des pannes de 2,5 m. Tous les profilés sont en nuance d'acier S235.

Figure 34 : Configuration de l'entrepôt : portique à 1 travée de 30 m de portée

Profilé en HEA 550

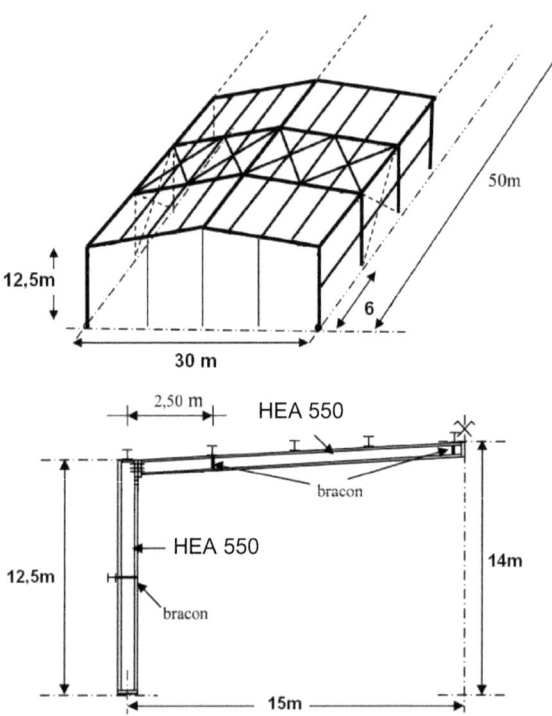

h = 540 mm	g = 166,00 kg/m
b = 300 mm	A = 211,80 cm²
t_w = 12,5 mm	I_y = 111 900,00 cm⁴
t_f = 24 mm	$W_{el.y}$ = 4 146,00 cm³
r = 27 mm	$W_{pl.y}$ = 4 622,00 cm³
d = 438 mm	i_y = 22,99 cm
i_z = 7,15 cm	A_{vz} = 83,72 cm²
I_t = 351,50 cm⁴	I_z = 10 820,00 cm⁴
I_w = 7 189,00 x 10³ cm⁶	$W_{el.z}$ = 721,30 cm³
	$W_{pl.z}$ = 1 107,00 cm³

Figure 35 : Caractéristiques des sections des poteaux et des travers du portique étudié

I.2. Caractéristiques des pieds de poteaux en acier du du portique étudié

Les caractéristiques des pieds de poteau ont été déterminées à l'aide du logiciel **PotArtx** (voir *Annexe 4*). Elles sont reportées dans la *figure 36*:

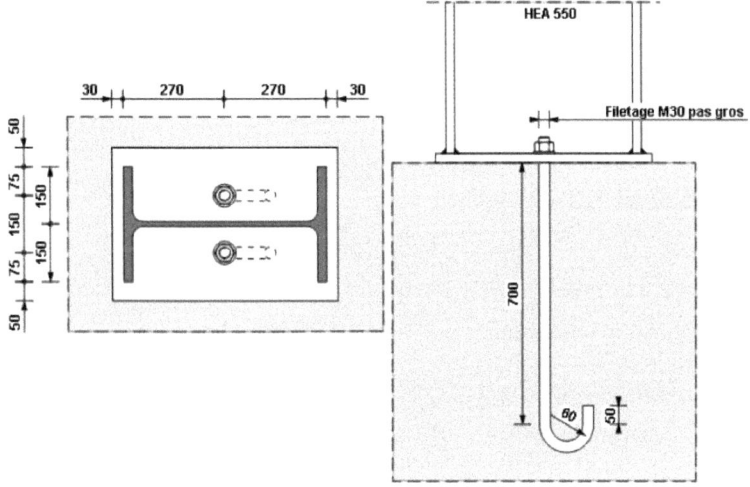

Figure 36 : Dimension des composants des pieds de poteaux articulés étudiés

I.3. Chargement et combinaison d'actions

Les charges appliquées à la structure sont les suivantes :

- Poids propre HEA 550 : 1,66 kN/m;
- Poids propre de la toiture : G = 0,25 kN/m² (bac acier + isolation et étanchéité + pannes) ;
- Poids propre de bardage : 15 daN/m² ;
- Charge de neige : S_n=0,55 kN/m² (**Zone II** france) ;
- Charge de vent : W = 0,55 kN/m², en considérant les coefficients de pression reportés dans le tableau IV.

Tableau IV : *Coefficients pour situation du vent (pente 5%) ouvert à 60% selon EUROCODE 1 (ENV 1991-1-2-4 : 1995)*

C_p au vent	C_p toiture	C_p sous vent
+ 0.8	- 0.45	- 0.3

Comme cela a été déjà mentionné dans la partie bibliographique, pour les cas de calcul en situation d'incendie, deux cas de combinaison de charges doivent être utilisés : **G + 0.2S** et **G + 0.2W**

I.4. Hypothèses de calcul

Les simulations numériques du portique ont été réalisées dans les conditions suivantes :

- Le portique est discrétisé longitudinalement en plusieurs éléments finis de type poutre (voir *figure 37*);

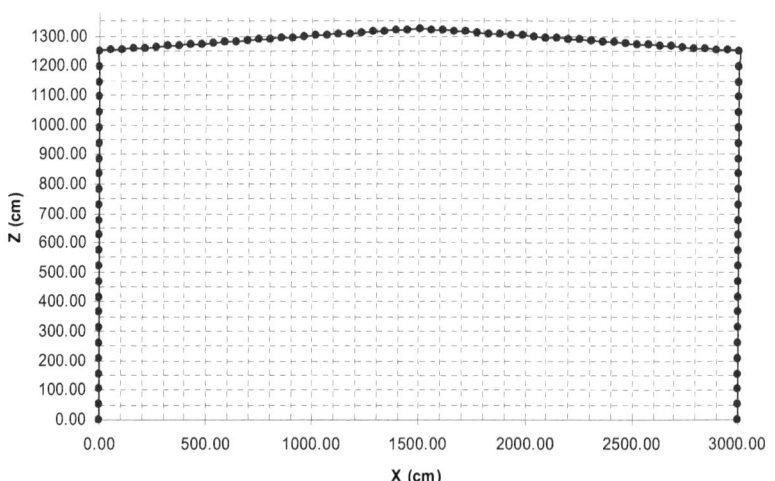

Figure 37 : *Les nœuds des éléments du portique après discrétisation*

- Les assemblages entre poutre et poteaux sont *rigides* (l'encastrement poteau–traverse est parfait) du fait que la liaison poteau–traverse est généralement renforcée par un jarret qui la rigidifie infiniment;
- Le chargement mécanique est appliqué au portique sous forme de charges ponctuelles (voir *Annexe 2*) ;
- Les propriétés thermiques et mécaniques de l'acier des profilés sont celles de l'Eurocode 3 partie feu. Les caractéristiques mécaniques à froid de l'acier sont les suivantes :

    + Limite d'élasticité de l'acier : 235 N/mm^2

    + Module d'élasticité : 210 000 N/mm²

- La montée en température est supposée uniforme sur la section transversale et sur la longueur des éléments. Les températures ont été calculées en appliquant la méthode de calcul simplifiée de l'Eurocode 3 partie feu en considérant une section exposée sur 4 faces pour les poutres et sur 3 faces pour les poteaux (protection apporté par le bardage). Il faut préciser ici qu'il n'y a pas de réel couplage entre les aspects thermiques et les aspects statiques du problème. Dans un souci de simplification, l'évolution et la distribution des températures au sein des éléments sont calculées (comme cela est généralement admis dans les modèles de calcul des structures soumises à l'incendie) indépendamment des charges appliquées, des changements de géométrie, des déformations ou de l'état des contraintes existant dans la structure.

Par ailleurs, pour le calcul de la température les valeurs des coefficients de convection et d'émissivité de l'acier sont les suivantes :

+ Coefficient de convection: $h = 25 \ W/m^2 \ °K$

+ Emissivité résultante de l'acier est $\varepsilon = 0,7$;

On a ainsi deux courbes "température-temps" distinctes:
+ Courbe 1 : pour les poteaux (3 faces exposées au feu)
+ Courbe 2 : pour les traverses (4 faces exposées au feu).

Ces deux courbes température-temps et la courbe de montée en température du feu conventionnel sont illustrées dans la *figure 38* :

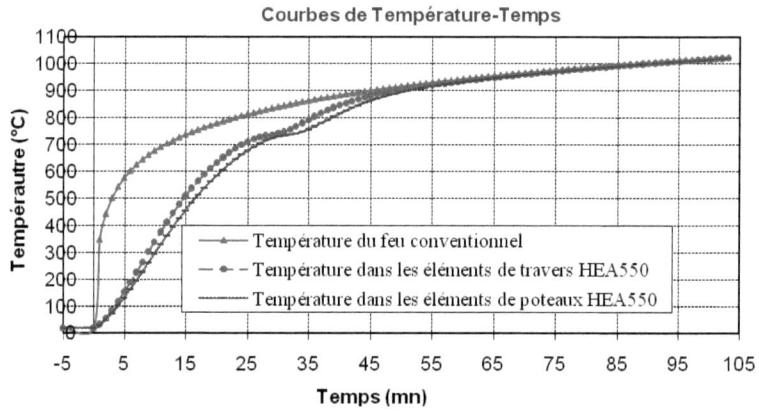

Figure 38 : *Courbes de température- temps dans les sections des éléments du portique étudié dans le cas de pieds de poteaux articulés et encastrés*

- Pour représenter la stabilité hors plan du portique apportés par les pannes et les lisses de bardages (maintiens latéraux) les déplacements U_y ont été bloqués en différents points de la structure (voir *figure 39*) :

    + Maintiens apportés par les pannes : nœuds N25, N39, N53, N67, N81
    + Maintiens apportés par les lisses de bardage : nœuds N1, N13, N105, N93.

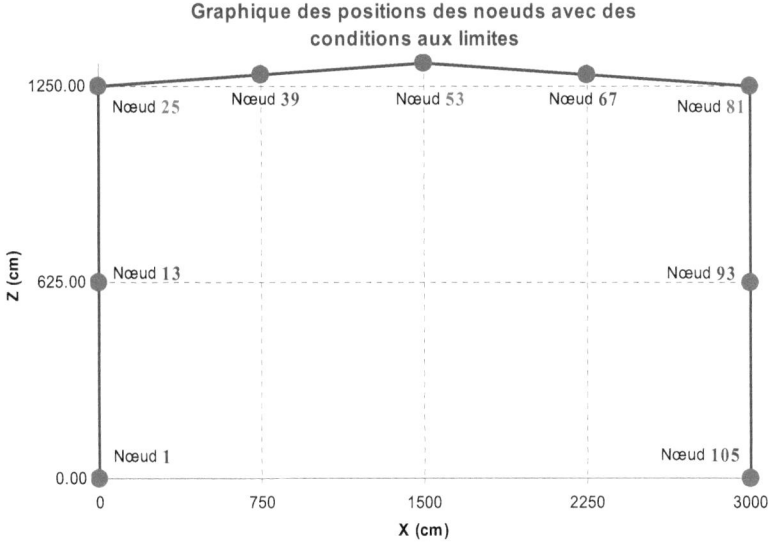

Figure 39 : *Nœuds avec les conditions aux limites*

II. COMPORTEMENT AU FEU DU PORTIQUE EN CONSIDERANT DES PIEDS PARFAITEMENT ARTICULES ET ENCASTRES

Afin de mieux étudier l'influence des pieds de poteaux sur le comportement au feu du portique, des calculs préliminaires ont été réalisés en considérant les pieds de poteaux comme :

- **Articulés :** Tous les déplacements et rotation autour de l'axe **z** bloqués.
- **Encastré :** Tous les déplacements et toutes les rotations bloquées.

Les résultats des simulations numériques pour les deux cas de charges sont présentés sur la *figure 40* lorsque les pieds de poteaux sont articulés et sur la *figure 41 lorsque les pieds de poteaux sont encastrés.* Ces figures permettent d'analyser l'instabilité au feu du portique étudié en observant l'évolution des déplacements horizontaux des nœuds en tête des poteaux et des déplacements verticaux du nœud situé à mi-portée de la traverse (sommet du portique) en fonction du temps (et par conséquent en fonction de la variation de température au sein de ces éléments).

On constate que le portique atteint l'état d'instabilité globale lors que ces déplacements sont très grands:

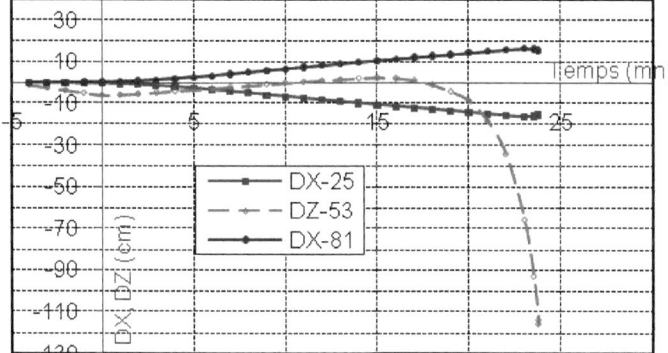

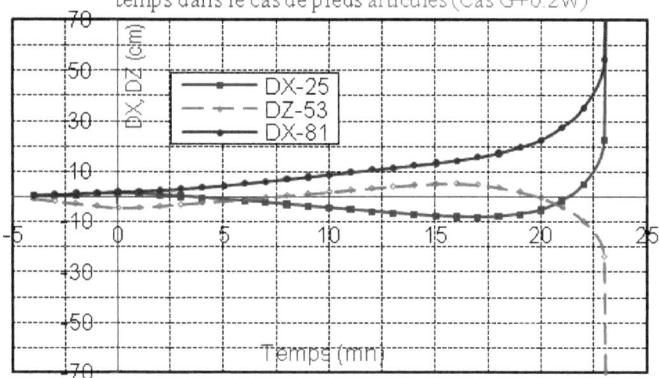

Figure 40 : *Déplacements horizontaux du nœud 25 et du nœud 81 et déplacement vertical du nœud 53 du portique en fonction de temps dans les 2 cas de chargement avec pieds de poteaux articulés*

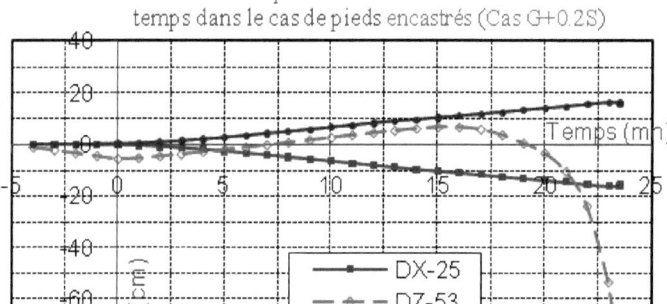

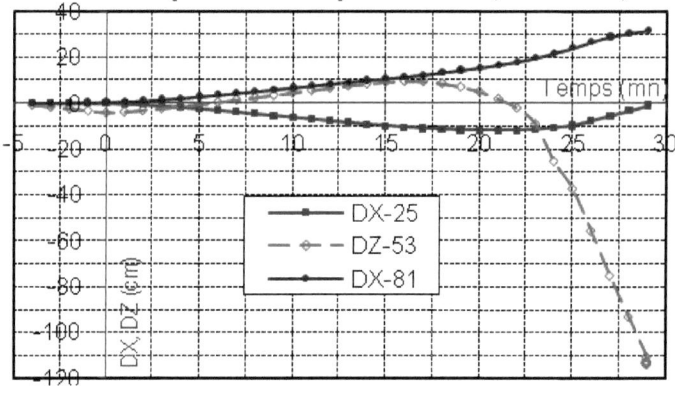

Figure 41 : Déplacements horizontaux du nœud 25 et du nœud 81 et déplacement vertical du nœud 53 du portique en fonction de temps dans les 2 cas de chargement avec pieds de poteaux encastrés

D'après les courbes d'évolution des déplacements pour chaque cas de charges et de pieds de poteaux dans les figures ci-dessus, on peut savoir clairement :

- Pour le cas de pieds articulés : les 2 cas de charges donnent le temps d'instabilité au feu égale à 23mn ;
- Pour le cas de pieds encastrés : le cas de neiges est le cas le plus défavorable (temps d'instabilité égale à 23mn) lorsque le cas de vent qui donne le temps d'instabilité égale à 29mn.

On observe donc que le comportement du portique est le même entre les cas de pieds de poteaux si on est dans le cas de charges neige tandis que dans le cas de *vent* le comportement et le temps d'instabilité au feu pour les 2 cas de pieds de poteaux sont différents (le cas de pieds encastrés : il y a de poteaux ayant de très petite rotation au pied, ce qui empêchent la dilatation des traverses poussant des poteaux vers l'extérieur du portique).

Notons que sous l'action du feu, les poteaux et les traverses se dilatent, ce qui procure la résultante de dilatation poussant les poteaux vers l'extérieur du portique. La température augmente en fonction du temps et les dilatations des éléments sont de plus en plus grandes (correspondant à des courbes de température-temps des sections des poteaux et des traverses dans la *figure 38*).

En même temps que les *dilatations*, les *caractéristiques mécaniques* dans les sections des éléments diminuent au cours de temps aussi ; sous l'action desquelles les sections des poutres perdent leur résistance petit à petit jusqu'à la valeur qui n'est pas suffisante pour résister les charges mécaniques appliquées ; donc les poutres s'effondrent et tirent les poteaux vers l'extérieur.

III. COMPORTEMENT AU FEU DU PORTIQUE EN CONSIDERANT DES PIEDS DE POTEAUX EN ACIER SEMI-RIGIDES

Les pieds de poteau sont maintenant modélisés à l'aide de la modélisation numérique présentée au chapitre précédent. Ils sont considérés comme semi-rigides.

III.1. Détail de la modélisation des pieds de poteaux

Le détail de la modélisation du pied de poteau est donné à *figure 42*. Il est à noter qu'une chape de béton de 30cm d'épaisseur à été pris en compte dans les calculs.

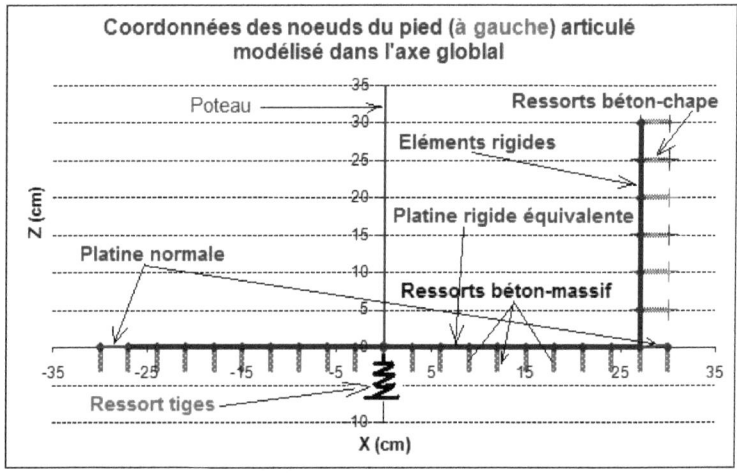

Figure 42 : Détail des pieds de poteaux articulés modélisés (pied du poteau à gauche)

III.2. Caractérisation des paramètres définissant le comportement des pieds de poteaux

Avant de présenter les résultats des calculs, nous donnons ci-après les principaux paramètres caractérisant les lois Force-Déplacement de tous les ressorts (voir *figure 26*) en fonction des caractéristiques géométriques et matérielles des composantes constituant les pieds de poteaux.

Les lois Force-déplacement sont du même type que celle décrite dans la troisième partie précédente (voir *figure 26*). En outre, les propriétés de la platine et des ressorts (représentant le massif de béton, la chape de béton et les tiges) sont supposées inchangées avec la température. Ceci s'explique par le fait qu'en situation d'incendie, les parties hautes de la structure, (partie supérieure des poteaux et les traverses), qui se situent dans la couche chaude, sont soumises à un échauffement significatif alors que les parties basses restent relativement froides.

1/. Caractéristiques des ressorts représentant le *massif de béton*

- *Raideurs* :

$$K_b = A_b . E_{cm}/h_b$$

Où :

$E_{cm} = 22.[(f_{bc})/10]^{0,3} = 22 \, (45,3/10)^{0,3} = 34614$ MPa

f_{bc} : Résistance caractéristique de compression du béton,

$f_{bc} = 30$ MPa

A_b = section de chaque bande de béton correspondant au ressort, A_b = 22cm x 3cm/2 (pour ressorts à l'extrémité de la platine), ou A_b = 22cm x 3cm pour des ressorts intermédiaires (si l'on discrétiser le massif en ressorts de 3cm d'espacement ; et pour notre cas on discrétiser en 9 ressorts.

h_b: Epaisseur du massif de béton aux pieds de poteaux,
h_b = 1m

- *Déplacement admissible :*

$$\delta = \varepsilon_u \cdot h_b = 0{,}0035 \times 100\text{cm} = 0{,}35\text{cm}$$

Où : ε_u = 0,35% et h_b: Epaisseur du massif de béton aux pieds de poteaux, soit h_b = 100cm

2/. Caractéristiques des ressorts représentant la *chape en béton (0,30m)*

- *Raideurs :*

$$K_{bc} = \frac{E_b \cdot A_{bande\_de\_béton}}{L_{bande\_de\_béton}} = \frac{f_{bc} \times A_{bande\_de\_béton}}{\varepsilon_b \times L_{bande\_de\_béton}}$$

f_{bc} : Résistance caractéristique de compression du béton, f_{bc} = 30MPa

E_b : Module sécant du béton

$A_{bande\ de\ béton}$: Section de la bande de chape de béton représentée par le ressort

- *Déplacement admissible :*

$$\delta_{bc} = \varepsilon_b \times L_{bande\_de\_béton} = 0{,}002 \times 30\text{cm} = 0{,}06\text{ cm}$$

Où ε_b : Déformation admissible du béton, ε_b = 0.2%

$L_{bande\_de\_béton}$: Longueur de la bande de la chape de béton représentée par le ressort, soit $L_{bande\_de\_béton}$ = 0,30m (pour notre cas)

3/. Caractéristiques des ressorts représentant les *tiges d'ancrages*

- *Raideurs* :

    $K_T = 2A_sE_a/L_b$ = (2 x 7,069 x 2100)/70 = 424,115 T/cm^2

    $K_T' = (F_u - 2F_u/3)/(\delta_2 - \delta_1)$ = 60,588 T/cm^2

    (Voir δ_1, δ_2 ci-dessous)

Avec :

E_a : Module d'élasticité des tiges d'ancrage,
E_a = 210000 MPa
A_s : Section transversale d'une tige d'ancrage,
A_s = π x (3^2/4) = 7,069cm^2
L_b : Longueur effective de la tige, L_b = 70cm

- *Déplacements admissibles* :

    $\delta_1 = 2F_u/3K_T$ = (2x48,47/3)/424,115 = 0,076 cm

    $\delta_2 = 3F_u/K_T$ = (3 x 48,47)/424,115 = 0,343 cm

Avec :

   $F_u = 2 \times B_{t,u}$ = 2x(0,9 x f_u x As)/1,25

   = 2x(0,9x60x 5,61)/ 1,25 = 48,47 T (Tiges 6.8)

III.3. Résultats des simulations numériques

Les déplacements calculés au niveau des nœuds en tête des poteaux et au sommet des traverses sont présentés dans la figure ci-dessous :

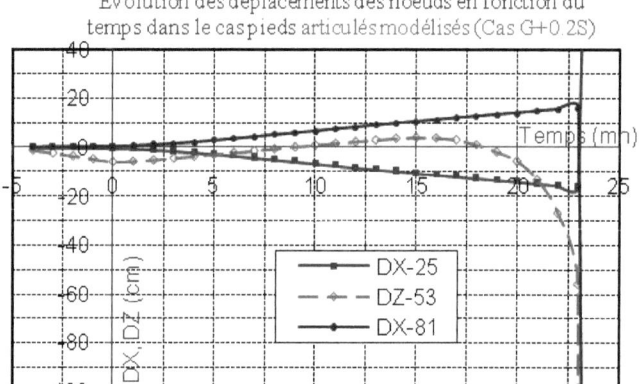

Figure 43 : *Déplacements horizontaux du nœud 25 et du nœud 81 et déplacement vertical du nœud 53 du portique en fonction de temps dans les 2 cas de chargement avec pieds articulés modélisés*

Auprès des courbes d'évolutions des déplacements dans la figure 43 ci-dessus, on obtient :
- Le temps de stabilité du portique dans le cas de neige : 23mn
- Le temps de stabilité du portique dans le cas de vent : 29mn
- Le cas de neige est donc le cas le plus défavorable, et le comportement au feu du portique est de même manière que les cas de pieds articulés et encastrés précédents, c'est-à-dire après la grande déformation des traverses, le portique n'est plus stable.

On va comparer les résultats de ce cas de pieds de poteaux avec les 2 autres cas (articulés et encastrés) dans la suite partie ci-dessous.

IV. ANALYSE DE L'INFLUENCE DES PIEDS DE POTEAUX SUR LE COMPORTEMENT AU FEU DU PORTIQUE

IV.1. Comparaison des simulations en fonction des conditions d'appuis aux pieds de poteaux

Afin de savoir comment les pieds de poteaux en acier peuvent influencer le comportement au feu du portique, c'est-à-dire l'influence de la résistance des pieds de poteaux sur stabilité au feu du portique, les déplacements calculés en fonction du temps (en tête des poteaux et à mi-portée de la traverse) en considérant les 3 conditions d'appuis: pieds parfaitement articulés, pied parfaitement encastrés, pied semi-rigide (pieds modélisés à l'aide de note modèle) sont comparés dans la *figure 44*.

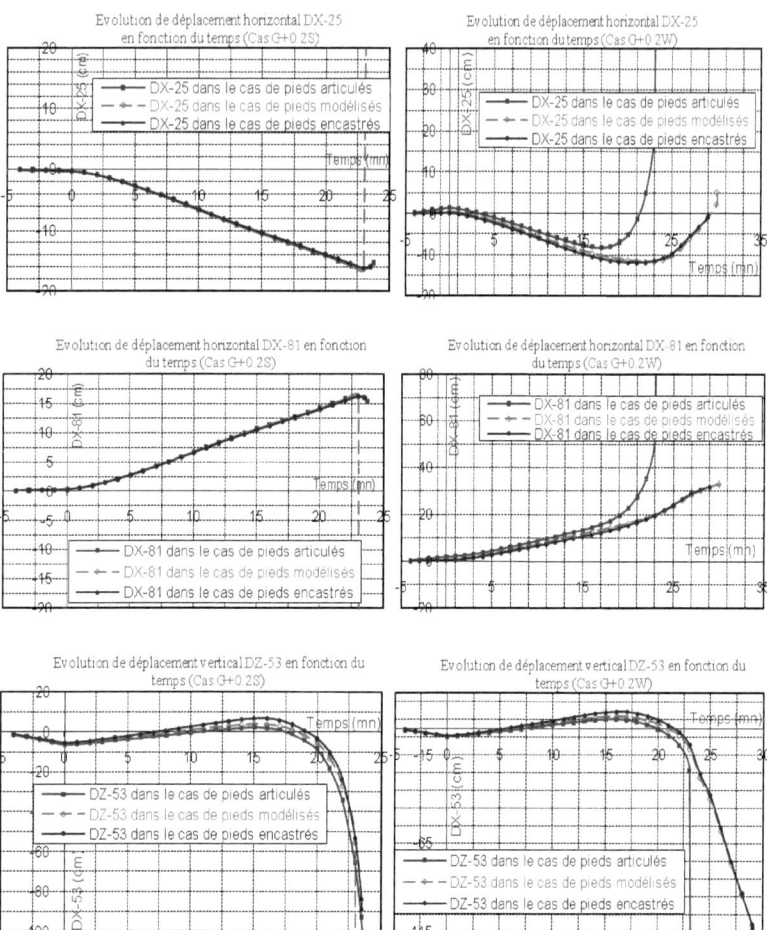

Figure 44 : *Déplacements horizontaux des nœuds 25, 53 (poteaux) et verticaux du nœud 53 (poutre) du portique en fonction de temps dans les 2 cas de combinaison des charges*

A partir de cette figure, on constate que :
- Pour le cas de charge : **G + 0,2.S**, les déplacements calculés au niveau des têtes de poteaux sont pratiquement superposés ; Cela s'explique par le fait que sous l'action de

charge verticales les rotations au niveau des pieds de poteaux restent relativement faible. En revanche, les déplacements calculés à mi-portée de la traverses sont légèrement différent: la courbe de déplacement obtenu pour avec les pieds modélisés est située entre celles obtenues avec des conditions d'appui parfaitement articulé et encastré jusqu'à la perte de stabilité du portique. Dans le cas présent, les pieds de poteaux n'ont pas d'effet significatif sur la résistance au feu du portique ;

- Pour le cas de charge **G + 0,2.W** : Dans ce cas de charge qui est le cas que la rigidité rotation des pieds de poteaux joue un rôle très important sous l'effet du moment produit par du vent, on a vu clairement le comportement au feu du portique en acier étudié lors de modélisation des pieds de poteaux.

IV.2. Analyse du comportement et de la résistance des différentes composantes des pieds de poteaux

Afin de mieux comprendre l'influence des pieds de poteau, ainsi que celui de chaque composante (massif béton, tige et platine) sur le comportement au feu des portiques métalliques, l'allongement de chaque ressort en fonction des efforts appliqués (pour le massif de béton et les tiges) ainsi que l'état de plastification de la platine obtenue à partir de notre modélisation sont analysées.

IV.2.1. *Analyse sur le béton du massif*

A. Massif de béton avec une hauteur de 1m (cas étudié)

On étudie le comportement du massif de béton pour vérifier sa déformation lors du changement du comportement global du portique étudié. Plus précisément, on analyse les ressorts représentant lu béton situé à l'extrémité de la platine, qui sont les ressorts les plus déformés. Les relations **F-Δ** de ces ressorts sont présentées dans la *figure 45* ci-dessous :

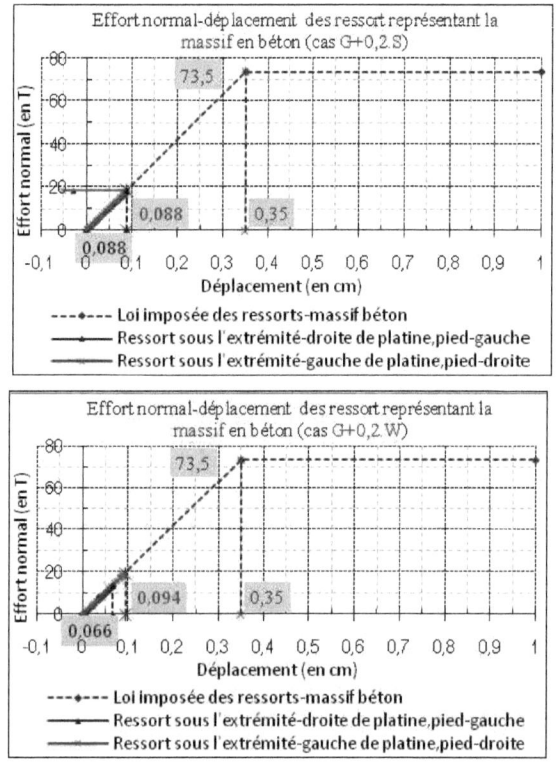

Figure 45 : *Relation F-Δ des ressorts-béton massif les plus comprimés dans les 2 cas de charges*

Après examen de cette figure, on constate aisément que les ressorts représentant le béton du massif situé sous les extrémités comprimées des deux pieds de poteaux ne dépassent pas leurs déplacements admissibles imposés (0,088cm < 0,35cm pour le cas de G + 0,2.S et 0,094cm < 0,35cm pour le cas de G + 0,2.W). Il n'y a donc aucun écrasement du béton jusqu'à la ruine du portique.

B. Effet de la variation des caractéristiques *du massif* de béton sur le comportement au feu du portique

Pour mieux comprendre l'influence du béton de massif sur le comportement au feu du portique métallique étudié, une étude paramétrique a été réalisée pour différents cas de hauteur du massif, à savoir: *0,75m*, *0,5m*, *0,25m* et une de déformation limite admissible pour le béton de *0,2%*. Les résultats de cette étude (courbes de déplacements au niveau des poteaux et de la traverse) sont présentés dans l'*annexe 3, partie I*. A partir de ces résultats, on constate que le pied de poteau se comporte comme un encastrement lorsque le temps devient supérieur au temps correspondant à la perte de stabilité du portique parfaitement articulé.

IV.2.2. *Analyse sur le béton de la chape*
A. Chape de béton avec une longueur participante de 0,3m (cas étudié)

On effectue le même type d'analyse que celle réalise pour le massif de béton en vérifiant la déformation des ressorts les plus déformés de la chape de béton (Voir figure ci-dessous).

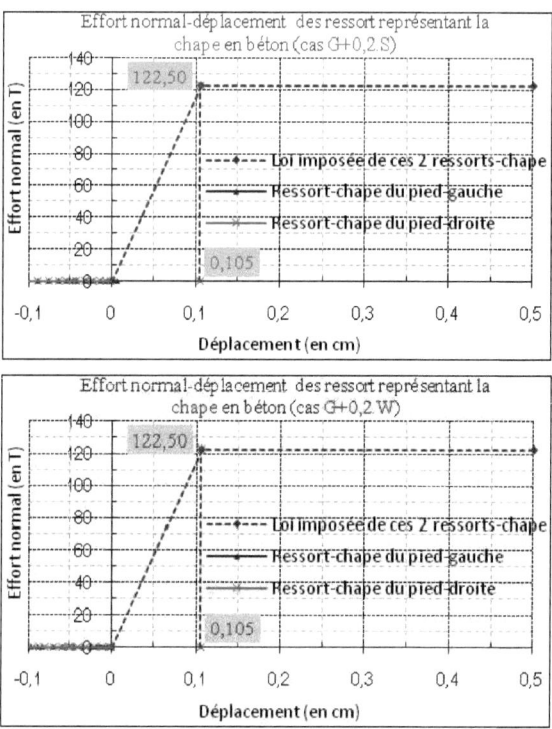

Figure 46 : Relation F-Δ des ressorts-béton chape les plus comprimés dans les 2 cas de charges

On constate qu'il n'y a pas d'efforts et donc aucune de déformation dans les ressorts. La chape de béton ne participe donc pas à la résistance du pied de poteau jusqu'à ruine du portique. Donc, elle n'a pas d'influence sur le comportement du portique.

B. Effet de variation des caractéristiques du *béton de chape* sur le comportement au feu du portique

Pour mieux comprendre l'influence du béton de la chape sur le comportement au feu du portique métallique étudié, une étude paramétrique a été réalisée en considérant différentes longueur participante de la chape, à savoir: *0.6m*, *1.2m*, *7m* et le cas où il n'y a *pas de béton chape participant*. Les résultats de cette étude (courbes de déplacements au niveau des poteaux et de la traverse) sont présentés dans *l'annexe 3, partie II*. A partir de ces résultats, on constate que le comportement des pieds de poteaux comme le cas d'encastrement à la fin (à partir l'instant d'instabilité pour le cas de pieds articulés).

IV.2.3. *Analyse sur les tiges d'ancrage*
A. Les tiges d'ancrage dans notre cas

Même but de discussion sur le massif de béton et sur la chape de béton, on constate la relation effort interne dans le ressort-déplacement des ressorts représentant les tiges des 2 pieds de poteaux dans les 2 cas de combinaison des charges (voir *figure 47* ci-dessous).

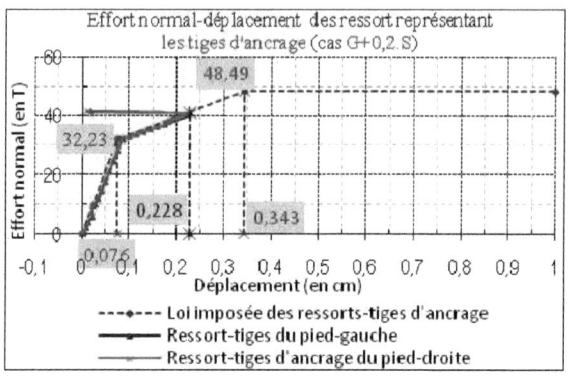

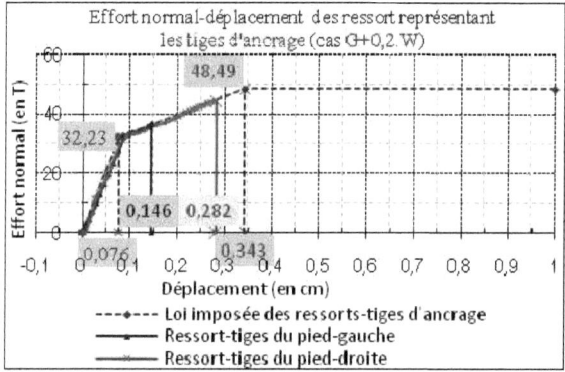

Figure 47 : Relation F-Δ des tiges d'ancrage dans les 2 cas de combinaison des charges

Les courbes dans la figure ci-dessus nous permettent de savoir que les tiges d'ancrage n'atteint pas encore leur capacité à l'instant d'instabilité globale du portique (0,228cm < 0,343cm pour le cas de G + 0,2.S et 0,282cm < 0,343cm pour le cas de G + 0,2.W). Donc, il n'y a pas de rupture des tiges.

B. Effet de variation des caractéristiques des *tiges d'ancrage* sur le comportement au feu du portique

Pour bien comprendre l'influence des tiges sur la stabilité globale du portique étudié, on fait varier les caractéristiques des ressorts représentant les tiges d'ancrage et on observe les évolutions des déplacements des sommets du portique (voir figure dans l'annexe 3).

On a vérifié pour les 5 cas : pas de tiges, 2 x Longueur des tiges, 0.5 x Longueur des tiges, diminuer diamètre des tiges (D = 20mm), augmenter diamètre des tiges (D = 39mm).

D'après les courbes dans la figure ci-dessus et dans l'*annexe 3, partie 3*, on obtient toujours le comportement des pieds de poteaux comme le cas d'encastrement à la fin (à partir l'instant d'instabilité pour le cas de pieds articulés).

IV.2.4. *Analyse sur le comportement de la platine*

Pour mieux savoir comment se comporte les pieds de poteaux que l'on modélise, c'est-à-dire la correspondance entre la configuration des pieds de poteaux avec celle du portique soumis au feu, on observe les déplacements des extrémités de la platine de pieds de poteaux en fonction du temps (voir la *figure 48* ci-dessous) et les configurations de la platine dans les 2 cas de combinaison des charges (voir la *figure 49* ci-dessous).

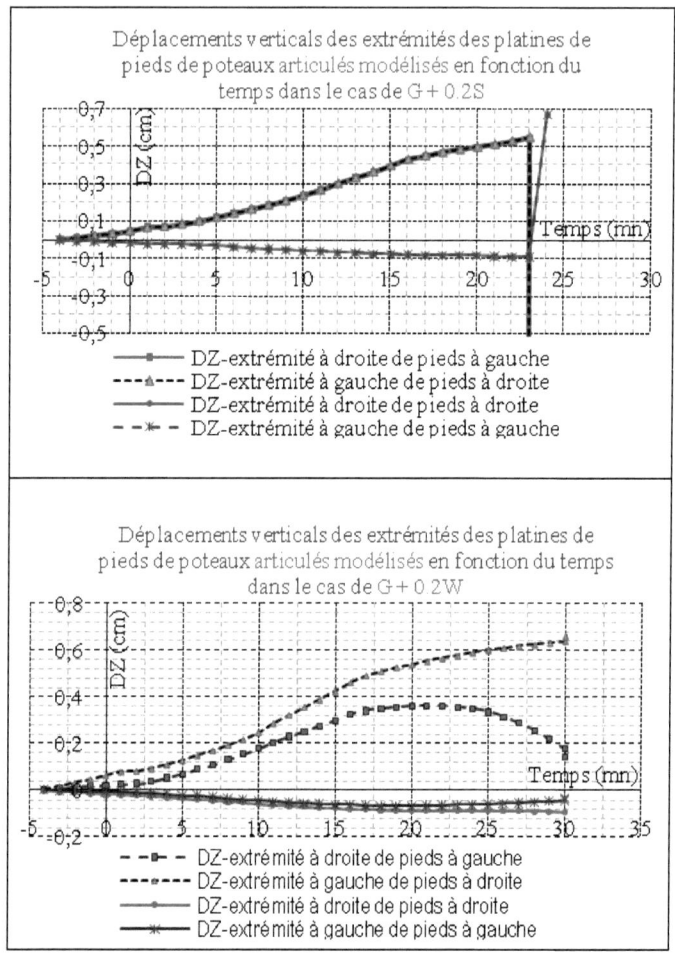

Figure 48 : Déplacements verticaux des extrémités de la platine des pieds de poteaux modélisés

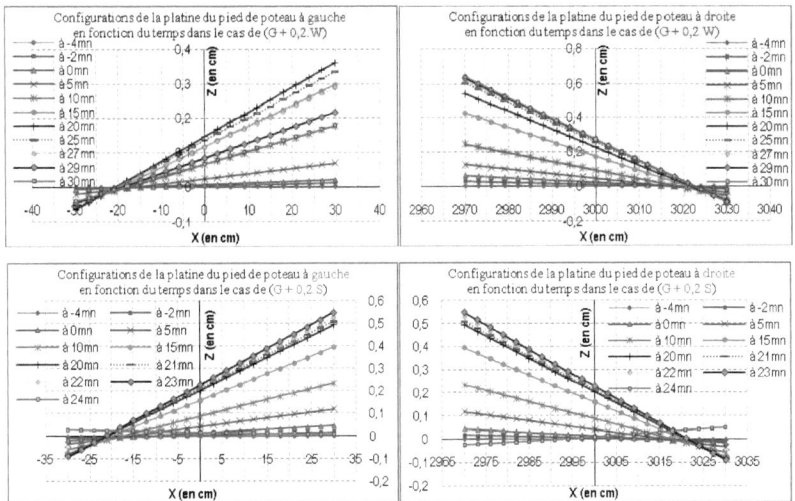

Figure 49 : Configurations de la platine des pieds de poteaux modélisés en fonction du temps

Avec les 2 figures ci-dessus, on peut savoir clairement que la platine n'a pas de plastification parce que l'élément à son extrémité ne se fléchi pas (déplacement ensemble de tous les nœuds de la platine).

En outre, on peut imaginer les configurations correspondantes de poteaux pour chaque instant de configuration de la platine (platine tourne lors de rotation produise par moment au niveau des bases de poteaux), surtout pour les cas de **G + 0,2.S** où on voit que les deux platines des 2 pieds de poteaux se déplacent toujours de manière symétrique (ce qui correspond aux déplacements symétriques des 2 nœuds de tête des poteaux).

V. **VERIFICATION DE L'ARTICULATION ET DE L'ENCASTREMENT DES PIEDS DE POTEAUX PAR VARIATION DES CARACTERISTIQUES DES RESSORTS**

Bien que notre modèle ait été évidemment validé avec des essais à froid, on va quand même vérifier si ça marche bien à chaud pour que l'on puisse être compte sur les résultats obtenus et sur d'où la conclusion. On va vérifier avec 2 critères logiques : articulation et encastrement.

V.1. Procédure de transformation des pieds de poteaux en *articulation* et en *encastrement*

Normalement, si notre modèle marche bien à chaud avec des caractéristiques des ressorts que l'on impose, on peut absolument, d'après changement les valeurs des caractéristiques des ressorts, les pieds de poteaux se comportant comme :

- <u>Articulation</u> : en diminuant les rigidités des ressorts jusqu'à valeurs très petites (et/ou diminuer leurs déplacements admissibles jusqu'à valeurs très petites) ;

- <u>Encastrement</u> : en augmentant les rigidités des ressorts jusqu'à valeurs très grandes (les ressorts représentant du béton se fonctionnent en traction aussi).

V.2. Analyse sur instabilité au feu du portique en acier

Observons bien les courbes d'évolution des déplacements aux sommets du portique pour vérifier si les cas de pieds articulés et encastrés par modélisation donnent de même instabilité au feu que les cas de pieds simplement articulés et simplement encastré. Les *figure 50* et *figure 51* donnent ces évolutions de déplacement pour les 2 cas de combinaison des charges.

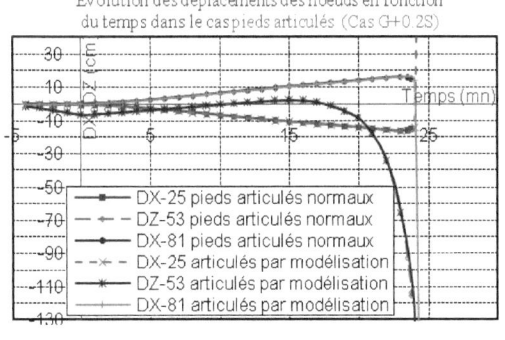

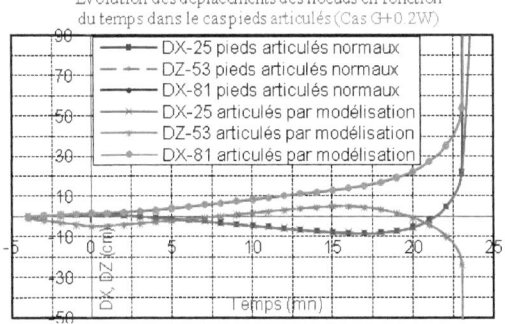

Figure 50 : *Déplacements horizontaux des nœuds 25, 53 (poteaux) et verticaux du nœud 53 (poutre) du portique en fonction de temps dans le cas de pieds* articulés simples *et* articulés par modélisation

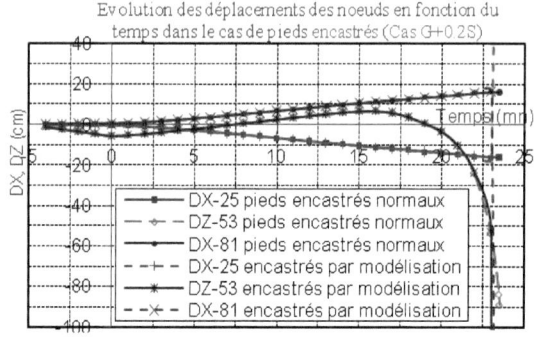

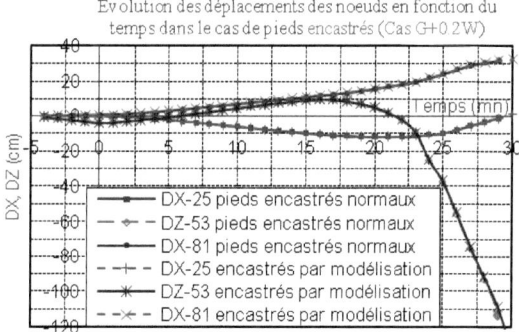

Figure 51 : *Déplacements horizontaux des nœuds 25, 53 (poteaux) et verticaux du nœud 53 (poutre) du portique en fonction de temps dans le cas de pieds* encastrés simples et encastrés par modélisation

Ces courbes ci-dessus montrent bien que le cas de pieds simplement articulés donne de même d'instabilité au feu que le cas de pieds articulés par transformation de notre modèle pour les 2 cas de charges. De même pour le cas de pieds simplement encastrés et encastrés par transformation de notre modèle. On peut dire donc que notre modèle à chaud marche logiquement.

V.3. Analyse sur le comportement de la platine

Pour le cas de pieds articulés par transformation de notre modèle, on peut savoir comment la platine se comporte lors de pieds fonctionne comme articulation. Constatons donc les courbes de déplacement des extrémités des platines de 2 pieds de poteaux et leurs configurations en fonction du temps (*voir figure 52* et *figure 53* ci-dessous).

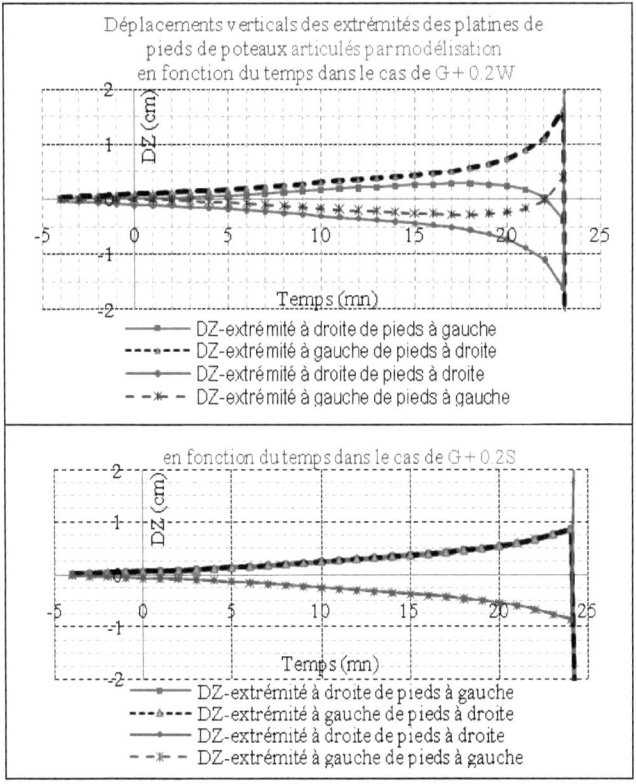

Figure 52 : *Déplacements verticaux des extrémités de la platine des pieds de poteaux articulés par modélisation*

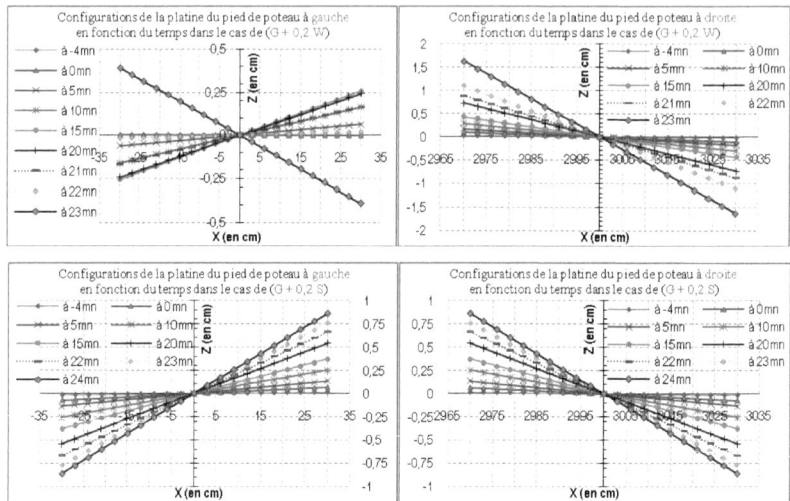

Figure 53 : Configurations de la platine des pieds de poteaux articulés par modélisation en fonction du temps dans les 2 cas de combinaison des charges

Ces figures nous permettent de voir clairement que la platine dans ce cas se déplace plus librement et les extrémités d'une même platine sont toujours symétriques par rapport à la base du poteau, c'est en raison qu'il n'y a pas de ressort qui empêche les déplacements de cette platine. Pour le cas de pieds encastrés par transformation de notre modèle, les platines de tous les 2 pieds et les 2 cas de combinaison des charges ne se déplacent pas du tout (ce qui est logique comme les cas d'encastrement parfaite).

VI. **CONCLUSION**

D'après les résultats de calcul par notre modélisation à chaud et les analyse sur le comportement au feu du portique en acier, il nous semble que l'on obtient le comportement comme des pieds encastrés à la fin de la stabilité. La raison c'est la plastification des éléments du portique surtout les poutres après avoir perdu leurs caractéristiques mécaniques sous l'effet de la température élevée.

CONCLUSION GENERALE ET PERSPECTIVES

Au cours de ce travail, une modélisation numérique des pieds de poteaux en acier articulés à été développé à l'aide du logiciel LENAS et comparée aux résultats d'essais réalisés à froid. La comparaison a montré l'aptitude du modèle à simuler de manière satisfaisante la réponse Moment-rotation des pieds de poteaux.

Cette modélisation a ensuite était appliqué aux liaisons poteau-fondation d'un portique à une seule travée afin d'étudier l'influence de la semi-rigidité des pieds de poteaux sur le comportement au feu du portique. Les résultats des simulations numériques ont montrés que :

- Pour le cas des pieds de poteaux *articulés modélisés* qui correspond bien à la réalité, le portique se comporte à la fin d'instabilité au feu comme le cas des *pieds encastrés*. On peut savoir la raison de ce comportement au feu comme encastrement des pieds que les propriétés mécaniques (E, fy) des sections des éléments des traverses et des poteaux du portique diminue lors d'augmentation des températures en fonction du temps, ce qui provoque la plastification de ces sections et il n'y a plus la rotation au niveau de pieds de poteaux.

A partir de ce travail, il nous semble que l'on peut :
- prendre les pieds de poteaux comme *encastrement parfait* pour le calcul d'instabilité au feu si l'on veut le *temps critique* (même comportement à la fin entre encastrement et articulation) ;

- prendre les pieds de poteaux comme *articulation parfaite* pour le cas de vérification de la *flèche des poutres* (plus grands déplacements que le cas de pieds encastrés).

REFERENCES BIBLIOGRAPHIQUES

[1] Alain CORNET, Françoise HLAWKA « Science des Matériaux, Propriétés et Comportements des Matériaux » Paris, 2003.

[2] Bernard JAOUL « Etude de la Plasticité et Application aux Métaux » Ecole des mines de Paris, 2008.

[3] B. ZHAO « Projet DIFISEK, *Partie 3* : Comportement mécanique au feu » Centre Industriel de la Construction Métallique (CTICM), France.

[4] Geneviève FOUQUET, Dhionis DHIMA, Bin ZHAO « Manuels techniques LENAS, Logiciel de simulation du comportement mécanique des structures métalliques soumises à un échauffement (*Présentation et Justifications*, CTICM, INC 98/171-GF/IM) », mai 1998.

[5] Jean Lemaite, Jean-Louis Chaboche « Mécanique des Matériaux Solides » Dunod, Paris 1996 (2nd édition)

[6] Jean Lemaitre, Pierre-Alain Boucard, François Hild « Résistance Mécanique des Solides » Paris, 2007.

[7] Kévin PILLANT « *Etude par éléments finis de la sécurité au feu des halls de stockage* », Mémoire ingénieur Génie Civil juin 2004.

[8] Konstantin Naumenko, Holm Altenbach « Modeling of Creep for Structural Analysis » Verlag Berlin Heidelberg, 2007.

[9] L.G.Cajot, M. Haller, M. Pierre, PROFILARBED S.A « Projet DIFISEK, *Partie 1* : *Actions thermiques et mécaniques* », Esch/Alzette, Grand Duché du Luxembourg.

[10] L. Twilt « Projet DIFISEK, *Partie 2* : Transfert thermique », TNO Bouw-Centre for Fire Research, The Netherlands.

[11] M. AUDEBERT (CSTB/CUST), M. CHENAF (CSTB), M. LEBLOND (CSTB), Y. MSAAD (CERIB), F. ROBERT (CERIB), P. RACHER (CUST), C. RENAUD (CTICM), B. ZHAO (CTICM) « Comportement au feu des structures, Evolution des outils disponibles et domaines d'application », version finale 01 mars 2007.

[12] Michaël F. Ashby, David R. H. Jones
« Matériaux, Propriétés et Applications », Dunod, Paris, 1998.
« Matériaux, Propriétés, Applications et Conception », Dunod, Paris, 2008 (3ème édition).

[13] Michel Dupeux « Aide-mémoire : Science des Matériaux » Dunod, Paris 2004.

[14] Mominique François, André Pineau, André Zaoui « Comportement Mécanique des Matériaux », Paris, 1995.

[15] Pierre BOURRIER, Jacques BROZZETTI « Construction métallique et mixte acier-béton, Calcul et dimensionnement selon les Eurocodes 3 et 4 », septembre 1996. « Construction métallique et mixte acier-béton, Conception et mise en œuvre », août 1996.

[16] Roderic S. Lakes « Viscoelastic Solids » CRC Press, Boca Raton London Newyork (University of Wisconsin), Washington D.C, 1998.

[17] T.G. Nieh, J. Wadsworth, O.D. Sherby « Superplasticity in Metals and Ceramics » 2005.

[18] Yves Quéré « Physique des Matériaux » Paris, 1988.

[19] Yvon LESCOUARC'H « Les pieds de poteaux articulés en acier », mais 1982. « Les pieds de poteaux encastrés en acier », avril 1988.

ARTICLES

[20] J.P. Jaspart et D. Vandegans « Application de la méthode des composantes aux pieds de poteaux », 1ère partie : Expérimentation et développement d'un modèle de calcul de résistance, Construction Métallique, n° 2-Revue trimestrielle, 34e année, 4-17, 1997.

[21] J.P. Jaspart et D. Vandegans « Application de la méthode des composantes aux pieds de poteaux », 2e partie : Développement d'un modèle mécanique de caractérisation,

Construction Métallique, n° 3-Revue trimestrielle, 34ᵉ année, 4-13, 1997.

[22] P. PENSERINI et A. COLSON « Caractérisation des liaisons structure métallique- fondation : Application au flambement des poteaux », Construction Métallique, n° 2, 43-52, 1992.

NORMES

[23] **EN1991-1-2** « Eurocode 1: Actions sur les structures, partie 1-2 : Actions générales Actions sur les structures exposées au feu ». CEN TC 250, 2002.

[24] **NF EN 1993-1-8** « Eurocode 3, Calcul des structures en acier », décembre 2005.

[25] **NF EN 1993-1-2/NA** « Eurocode 3- Calcul des structures en acier, Paritie 1-2 : Règles générales- Calcul du comportement au feu », novembre 2005, octobre 2007.

SITES INTERNET

[26] http://irc.nrc-cnrc.gc.ca/pubs/bsi/87-5_f.html
[27] http://membres.lycos.fr/rtmpailleron/comportement.html
[28] http://www.crit.archi.fr/Web%20Folder/acier/Chapitre%203/3.6%20Comportement Aufeu.html
[29] http://www.steelbizfrance.com/prog/potart/defptr.aspx

ANNEXE 1 :

MANUEL DU LOGICIEL UTILISE POUR LA MODELISATION (LENAS-MT)

LOGICIEL UTILISE POUR LA MODELISATION
(LENAS-MT)

I. Introduction/Présentation

Pour l'analyse du comportement au feu de pieds de poteaux, on utilise un logiciel qui est un code de calcul tridimensionnel basé sur la méthode des éléments finis des structures à barres : **LENAS-MT** (*Large Elasto-plastic Numerical Analysis of Structures-Member in Transient State*). Le logiciel permet de simuler l'évolution des efforts internes et des déformations des structures métalliques tridimensionnelles soumises à des températures évoluant avec le temps.

Le noyau de ce programme a été réalisé au **Japon**, mais la partie prenant en compte l'*échauffement* de la structure a été développée au **CTICM** par H. Kaneko (Docteur-ingénieur au TAKENAKA Technical Research Laboratory) dans le cadre d'une coopération franco-japonaise. Des *améliorations* et *développements* ont été apportés par les ingénieurs du CTICM.

II. Objectifs et domaine d'utilisation du logiciel

Le logiciel thermo-élasto-plastique **LENAS-MT** a pour objectif de simuler l'évolution des efforts internes et des déformations des structures métalliques tridimensionnelles soumises à des températures évoluant avec le temps. Le modèle de résolution utilise la méthode des éléments finis « poutres » incluant les *non-linéarités géométriques* (grands déplacements) et *matérielles* (variation des lois de comportement élasto-plastique avec la *température*). Il permet le traitement d'assemblages d'éléments « barre » dans une, deux ou trois dimensions et détecté les phénomènes d'instabilité. **LENAS-MT** est applicable aux éléments individuels, aux parties d'ouvrage ainsi qu'aux structures complètes. Les éléments étudiés peuvent être soumis à des températures élevées homogènes en section ou présentant des gradients, tant en section (dans les deux directions) que sur la longueur. **LENAS-MT** permet de prendre en compte des appuis avec dilatation libre ou limitée et des assemblages rigides, semi-rigides ou articulés.

III. Théorie de base
III.1. Formule

LENAS permet d'effectuer des calculs thermo-élastiques en grande déformation. Les équations d'équilibre entre efforts internes et efforts externes sont résolues à l'aide d'une procédure incrémentale et itérative prenant en compte les effets du second ordre géométrique et les non-linéarités matérielles. La théorie développée dans ce logiciel est basée sur le principe des travaux virtuels dans lequel l'équilibre d'une structure à la configuration actuelle est donné par la formule suivante :

$$\int_V \{(\sigma_{ij} + \Delta\sigma_{ij})\delta(\varepsilon_{ij} + \Delta\varepsilon_{ij})\}dV = \int_V \{(p_i + \Delta p_i)\delta(u_i + \Delta u_i)\}dV$$
$$+ \int_S \{(F_i + \Delta F_i)\delta(u_i + \Delta u_i)\}dS \quad [1]$$

Où :
- p_i et Δp_i représentent respectivement les *vecteurs de forces extérieures volumiques* et l'*incrément* de ces vecteurs de forces entre les configurations *précédente* et *actuelle*

- F_i et ΔF_i représentent respectivement les *vecteurs de forces extérieures de surface* à la configuration précédente et l'*incrément* de ces vecteurs de forces entre les configurations *précédente et actuelle*
- u_i est le vecteur des *déplacements totaux* à la configuration précédente
- Δu_i est le vecteur des *incréments* de déplacement entre les configurations précédente et actuelle
- σ_{ij} et $\Delta\sigma_{ij}$ représentent respectivement les tenseurs de *contraintes* à la configuration précédente et l'incrément des tenseurs de contraintes entre les configurations précédente et actuelle
- ε_{ij} et $\Delta\varepsilon_{ij}$ représentent respectivement les tenseurs de *déformations* à la configuration précédente et l'incrément des tenseurs de déformations entre les configurations précédente et actuelle.

La formulation Lagrangienne actualisée (pour version 1998) a été utilisée dans LENAS-MT pour traduire toutes les équations d'équilibre de base d'une structure quelconque.

III.2. Déplacements

Les éléments traités par **LENAS-MT** sont des éléments de barre de type *uni-axiaux* et *tridimensionnels* qui possèdent deux nœuds à leurs extrémités et sont initialement *rectilignes*. Ces éléments de barre sont capables de combiner les phénomènes de flexion, de compression, de torsion et éventuellement de gauchissement. Afin de prendre en considération tous ces comportements dans une structure quelconque, **LENAS-MT** utilise un vecteur de déplacements de base sous la forme suivante :

$$U_i = \{u_i \quad v_i \quad w_i \quad \theta_{xi} \quad \theta_{yi} \quad \theta_{zi} \quad \theta'_{xi}\}$$

Où :
- u_i, v_i et w_i correspondent respectivement aux *translations* dans les directions des axes *locaux* de l'élément x, y et z
- θ_{xi}, θ_{yi} et θ_{zi} représentent respectivement les *rotations* autour des axes *locaux* de l'élément x,y,z
- θ'_{xi} correspond à l'angle de *gauchissement* permettant de prendre en compte le phénomène de gauchissement créé par la *torsion* de l'élément.

III.3. Relation Contrainte - Déformation à hautes températures

Dans la modélisation numérique de **LENAS-MT**, l'incrément du tenseur de déformation totale $d\varepsilon$ sur un intervalle de temps dt est décomposé de la manière suivante :

$$d\varepsilon = d\varepsilon^e + d\varepsilon^p + d\varepsilon^\theta + d\varepsilon^c \qquad [2]$$

Où :
- $d\varepsilon^e$ est l'incrément du tenseur de déformation ***élastique***
- $d\varepsilon^p$ est l'incrément du tenseur de déformation ***plastique***
- $d\varepsilon^\theta$ est l'incrément du tenseur de déformation ***thermique***
- $d\varepsilon^c$ est l'incrément du tenseur de déformation *due au **fluage***

La relation entre l'incrément de contrainte et l'incrément de déformation dans **LENAS-MT** s'écrit sous deux formes différentes.

Lorsque l'incrément de contrainte se produit dans le domaine élastique, cette relation est donnée par :

$$d\sigma = [D^e] \{d\varepsilon - d\varepsilon^p - d\varepsilon^\theta - d\varepsilon^c - d\varepsilon_\theta^e \} \quad [3]$$

Où :

- $d\varepsilon_\theta^e$ est définie comme l'incrément de déformation donnée par la *matrice* **élastique** lors d'un *changement de* **température**.
- [D^e] représente la matrice élastique (reliant les déformations aux contraintes).

Dans le domaine *purement plastique*, la relation entre l'incrément de contrainte et l'incrément de déformation doivent :

$$d\sigma = [D^p] \{d\varepsilon - d\varepsilon^\theta - d\varepsilon^c - d\varepsilon_\theta^e \} \quad [4]$$

Où :

- [D^p] représente la matrice élasto-plastique

Dans **LENAS-MT**, les matériaux sont supposés ***isotropes*** dont la fonction de plasticité est conforme au critère de **Von Mises**. Par conséquent, le *module d'écrouissage* H' est donné par la relation suivante :

$$H' = \frac{E_\theta . E_{t\theta}}{E_\theta - E_{t\theta}} \quad [5]$$

Où : E_θ et $E_{t\theta}$ représentent respectivement le module d'Young et le module tangent à la température donnée θ.

III.4. Résolution des équations d'équilibre

La méthode numérique utilisée est celle des éléments finis en **formulation Lagrangienne actualisée**. Une structure quelconque est discrétisée en différents éléments finis barres. Compte tenu de l'hypothèse sur la décomposition de la déformation, l'équation matricielle d'équilibre de la structure soumise à un échauffement s'écrit de la manière suivante :

$$_t^t \widetilde{K}_G . \Delta \widetilde{U}_G^{(k)} = {}^{t+\Delta t}\widetilde{R}_G - {}^{t+\Delta t}_{t+\Delta t}\widetilde{F}_G^{(k-1)} + \Delta_t \widetilde{F}_{thfrG}^{(k)} \qquad [6]$$

Où :

$_t^t \widetilde{K}_G$, $\Delta \widetilde{U}_G^{(k)}$, ${}^{t+\Delta t}\widetilde{R}_G$, ${}^{t+\Delta t}_{t+\Delta t}\widetilde{F}_G^{(k-1)}$ correspondent respectivement à la *matrice de rigidité* globale de la structure, au vecteur de *déplacement* global, au vecteur de *chargement nodal* et au vecteur de *forces nodales équivalentes* aux *contraintes internes* calculées à l'itération « k-1 » à l'instant t+∆t.

$\Delta_t \widetilde{F}_{thfrG}^{(k)}$ représente le vecteur de *forces nodales équivalentes* aux actions de la *dilatation thermique*, du *fluage* et des *contraintes résiduelles* dans les éléments de type barre. La figure ci-dessous illustre clairement la résolution itérative de la formulation utilisée par **LENAS-MT**.

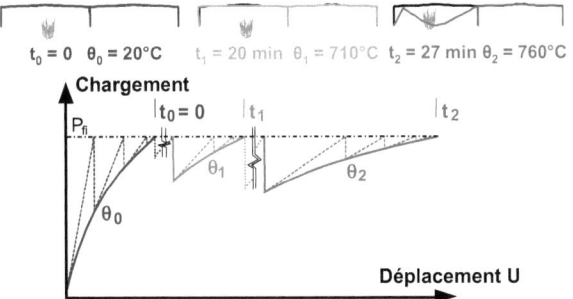

Figure 1 : *Procédure de résolution incrémentale et itérative aux températures élevées*

L'évolution de la matrice de rigidité, du vecteur de forces nodales ainsi que celui des forces nodales équivalentes, d'un élément de barre quelconque, fait appel à une procédure d'intégration numérique dans le volume de l'élément. Par contre, pour le *calcul global* de la structure, la matrice de rigidité, le vecteur de forces nodales et le vecteur de forces nodales équivalentes sont déterminés à chaque itération par une procédure d'assemblage classique de la méthode des éléments finis sur tous les éléments de la structure. La *section transversale* est discrétisée, selon les deux axes, afin de prendre en compte le *comportement non linéaire* du matériau ainsi que l'effet du *gradient thermique*, dans la section.

III.5. Lois de comportement

Les lois de comportement des matériaux aux températures élevées sont non seulement hautement *non linéaires* mais aussi évoluent en *fonction de la température*. C'est-à-dire qu'à chaque température donnée, il existe une loi de comportement quel que soit le type de matériau. La procédure adoptée dans le modèle pour le passage de loi de comportement à chaque changement de température est schématisée à la figure ci-dessous. En ce qui concerne **l'acier**, la loi de comportement est basée sur le modèle d'*écrouissage* cinématique non linéaire isotrope.

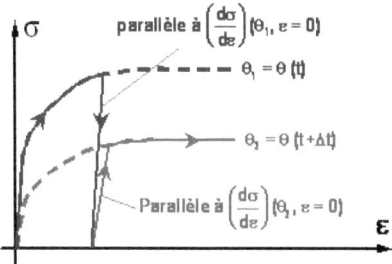

Figure 2 : Changement de loi de comportement des matériaux en fonction de la température

III.6. Ressort unidimensionnel

Afin de pouvoir analyser certaines conditions aux limites spécifiques liées à la situation d'incendie, un élément de ressort unidimensionnel a été développé dans le modèle. L'algorithme de cet élément est relativement simple par rapport aux éléments de liaison semi-rigide.

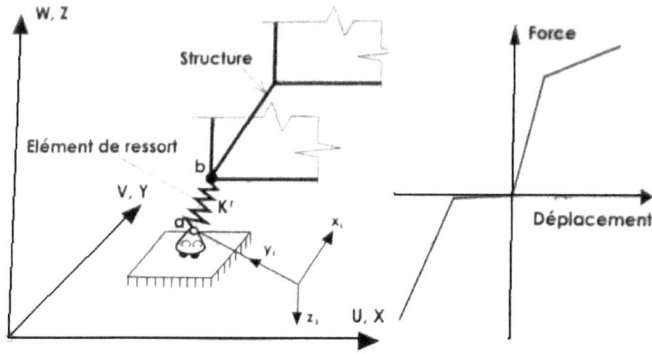

Figure 3 : Elément de ressort

La figure ci-dessus montre clairement cet élément qui possède une seule équation d'équilibre reliant le *déplacement* relatif à la direction du ressort et la *force* engendrée. La loi de comportement de l'élément est de type <u>non linéaire anisotrope</u>, c'est-à-dire qu'elle dépend de la direction de déplacement du ressort et peut également varier en fonction de la température. Cet élément permet d'analyser le phénomène du *blocage des appuis*, les *appuis élastiques* et le *glissement des appuis* qui subissent des efforts excessifs, etc.

IV. Conditions d'utilisation
IV.1. Structures

Compte tenu de la nature des éléments introduits dans le logiciel, **LENAS-MT** est capable de traiter des structures *acier* :
- composées de poutres et de poteaux de sections pleines, ouvertes (I, H, U, L, T etc.) ou creuses (tube circulaire, carré, rectangulaire etc.) ;
- dont les assemblages entre différents éléments sont rigides, semi-rigides ou articulés ;
- possédant des appuis élastiques ou des appuis à déplacement limités.

IV.2. Caractéristiques des matériaux

Les matériaux pouvant être utilisés avec **LENAS-MT** sont obligatoirement des matériaux homogènes et isotropes pour lesquels le critère de plasticité de **Von-Mises** s'applique. Actuellement, la loi de comportement couramment utilisée dans LENAS-MT est celle recommandée par la partie 1.2 de l'Eurocode 3. Toutefois, si d'autres **lois de comportement** sont disponibles, elles peuvent également être introduites dans LENAS-MT, par exemple, *fonte, acier inoxydable, aluminium*, acier *FRS* (Fire Resistant Steel) etc.

Les effets de *fluage* et de *contraintes résiduelles* peuvent être pris en compte de manière explicite dans **LENAS-MT** si les lois sont disponibles.

IV.3. Conditions d'analyse

En ce qui concerne le *comportement mécanique* d'une structure exposée au feu, le logiciel **LENAS-MT** est capable d'analyser de *manière globale* les comportements suivants des barres constitutives :
- traction, compression, flexion, flambement en compression, déversement latéral, gauchissement
- combinaison des différents efforts ci-dessus.

Par contre, *l'instabilité locale* par *voilement local, voilement par cisaillement, écrasement local* d'une section en acier sous l'effort concentré doit être **vérifiée par ailleurs**.

IV.4. Critère de ruine

Le critère de ruine utilisée dans **LENAS-MT** est en général relatif à la **capacité portante** d'une structure exposée au feu. Cela signifie que lorsque la structure ne résiste plus à un chargement mécanique, la ***rigidité globale*** de la structure devient *nulle* ou *négative*. Le calcul s'arrête alors automatiquement.

Si la structure en acier exposée au feu doit être dimensionnée de manière à ce que le déplacement d'un ou plusieurs de ses éléments constitutifs restent dans les *limites fixées*, il est tout à fait possible d'*imposer un critère de déplacement* afin de déterminer la résistance au feu de la structure.

ANNEXE 2 :

LES COMBINAISONS DE CHARGES AUX NOEUDS :
    PIEDS ARTICULES/ENCASTRES (G+0,2S)
    PIEDS ARTICULES/ENCASTRES (G+0,2W)
    PIEDS ARTICULES MODELISES (G+0,2S)
    PIEDS ARTICULES MODELISES (G+0,2SW)

1. Cas de pieds articulés ou encastrés et combinaison des charges avec de la neige: G + 0.2S

	N° (nœud)	Charges verticales (T)				Combinaison de charges (T)
		Poids propre	Toiture	Bardage	Neige	Charge *verticale*
		I = -0.166 x Le	II = -0.025 x6xLe	III = -0.015 x6xLe	IV = -0.055 x6xLe	V=I+II+III+0.2xIV
Poteau	1	-0.043	0.000	0.000	0.000	**-0.0432**
	2	-0.086	0.000	0.000	0.000	**-0.0865**
	3	-0.086	0.000	0.000	0.000	**-0.0865**
	4	-0.086	0.000	0.000	0.000	**-0.0865**
	5	-0.086	0.000	0.000	0.000	**-0.0865**
	6	-0.086	0.000	0.000	0.000	**-0.0865**
	7	-0.086	0.000	-0.023	0.000	**-0.1099**
	8	-0.086	0.000	-0.047	0.000	**-0.1333**
	9	-0.086	0.000	-0.047	0.000	**-0.1333**
	10	-0.086	0.000	-0.047	0.000	**-0.1333**
	11	-0.086	0.000	-0.047	0.000	**-0.1333**
	12	-0.086	0.000	-0.047	0.000	**-0.1333**
	13	-0.086	0.000	-0.047	0.000	**-0.1333**
	14	-0.086	0.000	-0.047	0.000	**-0.1333**
	15	-0.086	0.000	-0.047	0.000	**-0.1333**
	16	-0.086	0.000	-0.047	0.000	**-0.1333**
	17	-0.086	0.000	-0.047	0.000	**-0.1333**
	18	-0.086	0.000	-0.047	0.000	**-0.1333**
	19	-0.086	0.000	-0.047	0.000	**-0.1333**
	20	-0.086	0.000	-0.047	0.000	**-0.1333**
	21	-0.086	0.000	-0.047	0.000	**-0.1333**
	22	-0.086	0.000	-0.047	0.000	**-0.1333**
	23	-0.086	0.000	-0.047	0.000	**-0.1333**
	24	-0.086	0.000	-0.047	0.000	**-0.1333**
Poteau+Travers	**25**	-0.088	-0.040	-0.023	-0.088	**-0.1690**
Travers	26	-0.089	-0.080	0.000	-0.177	**-0.2046**
	27	-0.089	-0.080	0.000	-0.177	**-0.2046**

28	-0.089	-0.080	0.000	-0.177	**-0.2046**
29	-0.089	-0.080	0.000	-0.177	**-0.2046**
30	-0.089	-0.080	0.000	-0.177	**-0.2046**
31	-0.089	-0.080	0.000	-0.177	**-0.2046**
32	-0.089	-0.080	0.000	-0.177	**-0.2046**
33	-0.089	-0.080	0.000	-0.177	**-0.2046**
34	-0.089	-0.080	0.000	-0.177	**-0.2046**
35	-0.089	-0.080	0.000	-0.177	**-0.2046**
36	-0.089	-0.080	0.000	-0.177	**-0.2046**
37	-0.089	-0.080	0.000	-0.177	**-0.2046**
38	-0.089	-0.080	0.000	-0.177	**-0.2046**
39	-0.089	-0.080	0.000	-0.177	**-0.2046**
40	-0.089	-0.080	0.000	-0.177	**-0.2046**
41	-0.089	-0.080	0.000	-0.177	**-0.2046**
42	-0.089	-0.080	0.000	-0.177	**-0.2046**
43	-0.089	-0.080	0.000	-0.177	**-0.2046**
44	-0.089	-0.080	0.000	-0.177	**-0.2046**
45	-0.089	-0.080	0.000	-0.177	**-0.2046**
46	-0.089	-0.080	0.000	-0.177	**-0.2046**
47	-0.089	-0.080	0.000	-0.177	**-0.2046**
48	-0.089	-0.080	0.000	-0.177	**-0.2046**
49	-0.089	-0.080	0.000	-0.177	**-0.2046**
50	-0.089	-0.080	0.000	-0.177	**-0.2046**
51	-0.089	-0.080	0.000	-0.177	**-0.2046**
52	-0.089	-0.080	0.000	-0.177	**-0.2046**
53	-0.089	-0.080	0.000	-0.177	**-0.2046**
54	-0.089	-0.080	0.000	-0.177	**-0.2046**
55	-0.089	-0.080	0.000	-0.177	**-0.2046**
56	-0.089	-0.080	0.000	-0.177	**-0.2046**
57	-0.089	-0.080	0.000	-0.177	**-0.2046**
58	-0.089	-0.080	0.000	-0.177	**-0.2046**
59	-0.089	-0.080	0.000	-0.177	**-0.2046**
60	-0.089	-0.080	0.000	-0.177	**-0.2046**
61	-0.089	-0.080	0.000	-0.177	**-0.2046**
62	-0.089	-0.080	0.000	-0.177	**-0.2046**
63	-0.089	-0.080	0.000	-0.177	**-0.2046**
64	-0.089	-0.080	0.000	-0.177	**-0.2046**
65	-0.089	-0.080	0.000	-0.177	**-0.2046**
66	-0.089	-0.080	0.000	-0.177	**-0.2046**
67	-0.089	-0.080	0.000	-0.177	**-0.2046**
68	-0.089	-0.080	0.000	-0.177	**-0.2046**

	69	-0.089	-0.080	0.000	-0.177	**-0.2046**
	70	-0.089	-0.080	0.000	-0.177	**-0.2046**
	71	-0.089	-0.080	0.000	-0.177	**-0.2046**
	72	-0.089	-0.080	0.000	-0.177	**-0.2046**
	73	-0.089	-0.080	0.000	-0.177	**-0.2046**
	74	-0.089	-0.080	0.000	-0.177	**-0.2046**
	75	-0.089	-0.080	0.000	-0.177	**-0.2046**
	76	-0.089	-0.080	0.000	-0.177	**-0.2046**
	77	-0.089	-0.080	0.000	-0.177	**-0.2046**
	78	-0.089	-0.080	0.000	-0.177	**-0.2046**
	79	-0.089	-0.080	0.000	-0.177	**-0.2046**
	80	-0.089	-0.080	0.000	-0.177	**-0.2046**
Poteau+ Travers	**81**	-0.088	-0.040	-0.023	-0.088	**-0.1690**
Poteau	82	-0.086	0.000	-0.047	0.000	**-0.1333**
	83	-0.086	0.000	-0.047	0.000	**-0.1333**
	84	-0.086	0.000	-0.047	0.000	**-0.1333**
	85	-0.086	0.000	-0.047	0.000	**-0.1333**
	86	-0.086	0.000	-0.047	0.000	**-0.1333**
	87	-0.086	0.000	-0.047	0.000	**-0.1333**
	88	-0.086	0.000	-0.047	0.000	**-0.1333**
	89	-0.086	0.000	-0.047	0.000	**-0.1333**
	90	-0.086	0.000	-0.047	0.000	**-0.1333**
	91	-0.086	0.000	-0.047	0.000	**-0.1333**
	92	-0.086	0.000	-0.047	0.000	**-0.1333**
	93	-0.086	0.000	-0.047	0.000	**-0.1333**
	94	-0.086	0.000	-0.047	0.000	**-0.1333**
	95	-0.086	0.000	-0.047	0.000	**-0.1333**
	96	-0.086	0.000	-0.047	0.000	**-0.1333**
	97	-0.086	0.000	-0.047	0.000	**-0.1333**
	98	-0.086	0.000	-0.047	0.000	**-0.1333**
	99	-0.086	0.000	-0.023	0.000	**-0.1099**
	100	-0.086	0.000	0.000	0.000	**-0.0865**
	101	-0.086	0.000	0.000	0.000	**-0.0865**
	102	-0.086	0.000	0.000	0.000	**-0.0865**
	103	-0.086	0.000	0.000	0.000	**-0.0865**
	104	-0.086	0.000	0.000	0.000	**-0.0865**
	105	-0.043	0.000	0.000	0.000	**-0.0432**

2. Cas de pieds articulés ou encastrés et combinaison des charges avec du vent: G + 0.2W

	N°	Charges verticales (T)			Charges horizontales (T)			Combinaison de charges (T)	
		Poids propre	Toiture	Bardage	Vent sur toiture	Vent amont	Vent aval	Charge *verticale*	Charge *horizontale*
		I = -0.166 x Le	II = -0.025 x6xLe	III = -0.015 x6xLe	IV = 0.45 x0.0555 x6xLe	V= 0.8x 0.0555 x6xLe	VI= 0.3x 0.0555 x6xLe	VII= I+II+III +0.2xIV	VIII = 0.2 x (V + VI)
Poteau	1	-0.043	0.000	0.000	0.000	0.069	0.000	**-0.0432**	**0.0139**
	2	-0.086	0.000	0.000	0.000	0.139	0.000	**-0.0865**	**0.0278**
	3	-0.086	0.000	0.000	0.000	0.139	0.000	**-0.0865**	**0.0278**
	4	-0.086	0.000	0.000	0.000	0.139	0.000	**-0.0865**	**0.0278**
	5	-0.086	0.000	0.000	0.000	0.139	0.000	**-0.0865**	**0.0278**
	6	-0.086	0.000	0.000	0.000	0.139	0.000	**-0.0865**	**0.0278**
	7	-0.086	0.000	-0.023	0.000	0.139	0.000	**-0.1099**	**0.0278**
	8	-0.086	0.000	-0.047	0.000	0.139	0.000	**-0.1333**	**0.0278**
	9	-0.086	0.000	-0.047	0.000	0.139	0.000	**-0.1333**	**0.0278**
	10	-0.086	0.000	-0.047	0.000	0.139	0.000	**-0.1333**	**0.0278**
	11	-0.086	0.000	-0.047	0.000	0.139	0.000	**-0.1333**	**0.0278**
	12	-0.086	0.000	-0.047	0.000	0.139	0.000	**-0.1333**	**0.0278**
	13	-0.086	0.000	-0.047	0.000	0.139	0.000	**-0.1333**	**0.0278**
	14	-0.086	0.000	-0.047	0.000	0.139	0.000	**-0.1333**	**0.0278**
	15	-0.086	0.000	-0.047	0.000	0.139	0.000	**-0.1333**	**0.0278**
	16	-0.086	0.000	-0.047	0.000	0.139	0.000	**-0.1333**	**0.0278**
	17	-0.086	0.000	-0.047	0.000	0.139	0.000	**-0.1333**	**0.0278**
	18	-0.086	0.000	-0.047	0.000	0.139	0.000	**-0.1333**	**0.0278**
	19	-0.086	0.000	-0.047	0.000	0.139	0.000	**-0.1333**	**0.0278**
	20	-0.086	0.000	-0.047	0.000	0.139	0.000	**-0.1333**	**0.0278**
	21	-0.086	0.000	-0.047	0.000	0.139	0.000	**-0.1333**	**0.0278**
	22	-0.086	0.000	-0.047	0.000	0.139	0.000	**-0.1333**	**0.0278**
	23	-0.086	0.000	-0.047	0.000	0.139	0.000	**-0.1333**	**0.0278**
	24	-0.086	0.000	-0.047	0.000	0.139	0.000	**-0.1333**	**0.0278**
Poteau+Travers	25	-0.088	-0.040	-0.023	0.040	0.069	0.000	**-0.1433**	**0.0139**
Travers	26	-0.089	-0.080	0.000	0.080	0.000	0.000	**-0.1532**	**0.0000**
	27	-0.089	-0.080	0.000	0.080	0.000	0.000	**-0.1532**	**0.0000**
	28	-0.089	-0.080	0.000	0.080	0.000	0.000	**-0.1532**	**0.0000**
	29	-0.089	-0.080	0.000	0.080	0.000	0.000	**-0.1532**	**0.0000**
	30	-0.089	-0.080	0.000	0.080	0.000	0.000	**-0.1532**	**0.0000**

31	-0.089	-0.080	0.000	0.080	0.000	0.000	**-0.1532**	**0.0000**
32	-0.089	-0.080	0.000	0.080	0.000	0.000	**-0.1532**	**0.0000**
33	-0.089	-0.080	0.000	0.080	0.000	0.000	**-0.1532**	**0.0000**
34	-0.089	-0.080	0.000	0.080	0.000	0.000	**-0.1532**	**0.0000**
35	-0.089	-0.080	0.000	0.080	0.000	0.000	**-0.1532**	**0.0000**
36	-0.089	-0.080	0.000	0.080	0.000	0.000	**-0.1532**	**0.0000**
37	-0.089	-0.080	0.000	0.080	0.000	0.000	**-0.1532**	**0.0000**
38	-0.089	-0.080	0.000	0.080	0.000	0.000	**-0.1532**	**0.0000**
39	-0.089	-0.080	0.000	0.080	0.000	0.000	**-0.1532**	**0.0000**
40	-0.089	-0.080	0.000	0.080	0.000	0.000	**-0.1532**	**0.0000**
41	-0.089	-0.080	0.000	0.080	0.000	0.000	**-0.1532**	**0.0000**
42	-0.089	-0.080	0.000	0.080	0.000	0.000	**-0.1532**	**0.0000**
43	-0.089	-0.080	0.000	0.080	0.000	0.000	**-0.1532**	**0.0000**
44	-0.089	-0.080	0.000	0.080	0.000	0.000	**-0.1532**	**0.0000**
45	-0.089	-0.080	0.000	0.080	0.000	0.000	**-0.1532**	**0.0000**
46	-0.089	-0.080	0.000	0.080	0.000	0.000	**-0.1532**	**0.0000**
47	-0.089	-0.080	0.000	0.080	0.000	0.000	**-0.1532**	**0.0000**
48	-0.089	-0.080	0.000	0.080	0.000	0.000	**-0.1532**	**0.0000**
49	-0.089	-0.080	0.000	0.080	0.000	0.000	**-0.1532**	**0.0000**
50	-0.089	-0.080	0.000	0.080	0.000	0.000	**-0.1532**	**0.0000**
51	-0.089	-0.080	0.000	0.080	0.000	0.000	**-0.1532**	**0.0000**
52	-0.089	-0.080	0.000	0.080	0.000	0.000	**-0.1532**	**0.0000**
53	-0.089	-0.080	0.000	0.080	0.000	0.000	**-0.1532**	**0.0000**
54	-0.089	-0.080	0.000	0.080	0.000	0.000	**-0.1532**	**0.0000**
55	-0.089	-0.080	0.000	0.080	0.000	0.000	**-0.1532**	**0.0000**
56	-0.089	-0.080	0.000	0.080	0.000	0.000	**-0.1532**	**0.0000**
57	-0.089	-0.080	0.000	0.080	0.000	0.000	**-0.1532**	**0.0000**
58	-0.089	-0.080	0.000	0.080	0.000	0.000	**-0.1532**	**0.0000**
59	-0.089	-0.080	0.000	0.080	0.000	0.000	**-0.1532**	**0.0000**
60	-0.089	-0.080	0.000	0.080	0.000	0.000	**-0.1532**	**0.0000**
61	-0.089	-0.080	0.000	0.080	0.000	0.000	**-0.1532**	**0.0000**
62	-0.089	-0.080	0.000	0.080	0.000	0.000	**-0.1532**	**0.0000**
63	-0.089	-0.080	0.000	0.080	0.000	0.000	**-0.1532**	**0.0000**
64	-0.089	-0.080	0.000	0.080	0.000	0.000	**-0.1532**	**0.0000**
65	-0.089	-0.080	0.000	0.080	0.000	0.000	**-0.1532**	**0.0000**
66	-0.089	-0.080	0.000	0.080	0.000	0.000	**-0.1532**	**0.0000**
67	-0.089	-0.080	0.000	0.080	0.000	0.000	**-0.1532**	**0.0000**
68	-0.089	-0.080	0.000	0.080	0.000	0.000	**-0.1532**	**0.0000**
69	-0.089	-0.080	0.000	0.080	0.000	0.000	**-0.1532**	**0.0000**
70	-0.089	-0.080	0.000	0.080	0.000	0.000	**-0.1532**	**0.0000**
71	-0.089	-0.080	0.000	0.080	0.000	0.000	**-0.1532**	**0.0000**
72	-0.089	-0.080	0.000	0.080	0.000	0.000	**-0.1532**	**0.0000**
73	-0.089	-0.080	0.000	0.080	0.000	0.000	**-0.1532**	**0.0000**
74	-0.089	-0.080	0.000	0.080	0.000	0.000	**-0.1532**	**0.0000**

rowspan=7	Poteau+Travers	75	-0.089	-0.080	0.000	0.080	0.000	0.000	**-0.1532**	**0.0000**
	76	-0.089	-0.080	0.000	0.080	0.000	0.000	**-0.1532**	**0.0000**
	77	-0.089	-0.080	0.000	0.080	0.000	0.000	**-0.1532**	**0.0000**
	78	-0.089	-0.080	0.000	0.080	0.000	0.000	**-0.1532**	**0.0000**
	79	-0.089	-0.080	0.000	0.080	0.000	0.000	**-0.1532**	**0.0000**
	80	-0.089	-0.080	0.000	0.080	0.000	0.000	**-0.1532**	**0.0000**
	81	-0.088	-0.040	-0.023	0.040	0.000	0.026	**-0.1433**	**0.0052**
Poteau	82	-0.086	0.000	-0.047	0.000	0.000	0.052	**-0.1333**	**0.0104**
	83	-0.086	0.000	-0.047	0.000	0.000	0.052	**-0.1333**	**0.0104**
	84	-0.086	0.000	-0.047	0.000	0.000	0.052	**-0.1333**	**0.0104**
	85	-0.086	0.000	-0.047	0.000	0.000	0.052	**-0.1333**	**0.0104**
	86	-0.086	0.000	-0.047	0.000	0.000	0.052	**-0.1333**	**0.0104**
	87	-0.086	0.000	-0.047	0.000	0.000	0.052	**-0.1333**	**0.0104**
	88	-0.086	0.000	-0.047	0.000	0.000	0.052	**-0.1333**	**0.0104**
	89	-0.086	0.000	-0.047	0.000	0.000	0.052	**-0.1333**	**0.0104**
	90	-0.086	0.000	-0.047	0.000	0.000	0.052	**-0.1333**	**0.0104**
	91	-0.086	0.000	-0.047	0.000	0.000	0.052	**-0.1333**	**0.0104**
	92	-0.086	0.000	-0.047	0.000	0.000	0.052	**-0.1333**	**0.0104**
	93	-0.086	0.000	-0.047	0.000	0.000	0.052	**-0.1333**	**0.0104**
	94	-0.086	0.000	-0.047	0.000	0.000	0.052	**-0.1333**	**0.0104**
	95	-0.086	0.000	-0.047	0.000	0.000	0.052	**-0.1333**	**0.0104**
	96	-0.086	0.000	-0.047	0.000	0.000	0.052	**-0.1333**	**0.0104**
	97	-0.086	0.000	-0.047	0.000	0.000	0.052	**-0.1333**	**0.0104**
	98	-0.086	0.000	-0.047	0.000	0.000	0.052	**-0.1333**	**0.0104**
	99	-0.086	0.000	-0.023	0.000	0.000	0.052	**-0.1099**	**0.0104**
	100	-0.086	0.000	0.000	0.000	0.000	0.052	**-0.0865**	**0.0104**
	101	-0.086	0.000	0.000	0.000	0.000	0.052	**-0.0865**	**0.0104**
	102	-0.086	0.000	0.000	0.000	0.000	0.052	**-0.0865**	**0.0104**
	103	-0.086	0.000	0.000	0.000	0.000	0.052	**-0.0865**	**0.0104**
	104	-0.086	0.000	0.000	0.000	0.000	0.052	**-0.0865**	**0.0104**
	105	-0.043	0.000	0.000	0.000	0.000	0.026	**-0.0432**	**0.0052**

3. Cas de pieds modélisés et combinaison des charges avec de la neige: G + 0.2S

	N°	Charges verticales (T)						Totale (T)
		Poteaux/ travers	Platine	Eléments rigides	Toiture	Bardage	Neige	Charge *verticale*
		I = - 0.166 x Le	II= - 0.0785 x Le	III= - 0.314 xLe	IV= - 0.025 x6xLe	V= - 0.015 x6xLe	VI= - 0.45x 0.0555 x6xLe	VII= I+II+III+IV +V+0.2xVI
Poteau+Elément rigide	1	-0,0432	0,0000	-0,0094	0,0000	0,0000	0,0000	**-0,0526**
Poteaux	2	-0,0865	0,0000	0,0000	0,0000	0,0000	0,0000	**-0,0865**
	3	-0,0865	0,0000	0,0000	0,0000	0,0000	0,0000	**-0,0865**
	4	-0,0865	0,0000	0,0000	0,0000	0,0000	0,0000	**-0,0865**
	5	-0,0865	0,0000	0,0000	0,0000	0,0000	0,0000	**-0,0865**
	6	-0,0865	0,0000	0,0000	0,0000	0,0000	0,0000	**-0,0865**
	7	-0,0865	0,0000	0,0000	0,0000	-0,0234	0,0000	**-0,1099**
	8	-0,0865	0,0000	0,0000	0,0000	-0,0469	0,0000	**-0,1333**
	9	-0,0865	0,0000	0,0000	0,0000	-0,0469	0,0000	**-0,1333**
	10	-0,0865	0,0000	0,0000	0,0000	-0,0469	0,0000	**-0,1333**
	11	-0,0865	0,0000	0,0000	0,0000	-0,0469	0,0000	**-0,1333**
	12	-0,0865	0,0000	0,0000	0,0000	-0,0469	0,0000	**-0,1333**
	13	-0,0865	0,0000	0,0000	0,0000	-0,0469	0,0000	**-0,1333**
	14	-0,0865	0,0000	0,0000	0,0000	-0,0469	0,0000	**-0,1333**
	15	-0,0865	0,0000	0,0000	0,0000	-0,0469	0,0000	**-0,1333**
	16	-0,0865	0,0000	0,0000	0,0000	-0,0469	0,0000	**-0,1333**
	17	-0,0865	0,0000	0,0000	0,0000	-0,0469	0,0000	**-0,1333**
	18	-0,0865	0,0000	0,0000	0,0000	-0,0469	0,0000	**-0,1333**
	19	-0,0865	0,0000	0,0000	0,0000	-0,0469	0,0000	**-0,1333**
	20	-0,0865	0,0000	0,0000	0,0000	-0,0469	0,0000	**-0,1333**
	21	-0,0865	0,0000	0,0000	0,0000	-0,0469	0,0000	**-0,1333**
	22	-0,0865	0,0000	0,0000	0,0000	-0,0469	0,0000	**-0,1333**
	23	-0,0865	0,0000	0,0000	0,0000	-0,0469	0,0000	**-0,1333**
	24	-0,0865	0,0000	0,0000	0,0000	-0,0469	0,0000	**-0,1333**

Poteau+Travers	25	-0,0877	0,0000	0,0000	-0,0402	-0,0234	-0,0884	**-0,1690**
Trarvers	26	-0,0889	0,0000	0,0000	-0,0804	0,0000	-0,1768	**-0,2046**
	27	-0,0889	0,0000	0,0000	-0,0804	0,0000	-0,1768	**-0,2046**
	28	-0,0889	0,0000	0,0000	-0,0804	0,0000	-0,1768	**-0,2046**
	29	-0,0889	0,0000	0,0000	-0,0804	0,0000	-0,1768	**-0,2046**
	30	-0,0889	0,0000	0,0000	-0,0804	0,0000	-0,1768	**-0,2046**
	31	-0,0889	0,0000	0,0000	-0,0804	0,0000	-0,1768	**-0,2046**
	32	-0,0889	0,0000	0,0000	-0,0804	0,0000	-0,1768	**-0,2046**
	33	-0,0889	0,0000	0,0000	-0,0804	0,0000	-0,1768	**-0,2046**
	34	-0,0889	0,0000	0,0000	-0,0804	0,0000	-0,1768	**-0,2046**
	35	-0,0889	0,0000	0,0000	-0,0804	0,0000	-0,1768	**-0,2046**
	36	-0,0889	0,0000	0,0000	-0,0804	0,0000	-0,1768	**-0,2046**
	37	-0,0889	0,0000	0,0000	-0,0804	0,0000	-0,1768	**-0,2046**
	38	-0,0889	0,0000	0,0000	-0,0804	0,0000	-0,1768	**-0,2046**
	39	-0,0889	0,0000	0,0000	-0,0804	0,0000	-0,1768	**-0,2046**
	40	-0,0889	0,0000	0,0000	-0,0804	0,0000	-0,1768	**-0,2046**
	41	-0,0889	0,0000	0,0000	-0,0804	0,0000	-0,1768	**-0,2046**
	42	-0,0889	0,0000	0,0000	-0,0804	0,0000	-0,1768	**-0,2046**
	43	-0,0889	0,0000	0,0000	-0,0804	0,0000	-0,1768	**-0,2046**
	44	-0,0889	0,0000	0,0000	-0,0804	0,0000	-0,1768	**-0,2046**
	45	-0,0889	0,0000	0,0000	-0,0804	0,0000	-0,1768	**-0,2046**
	46	-0,0889	0,0000	0,0000	-0,0804	0,0000	-0,1768	**-0,2046**
	47	-0,0889	0,0000	0,0000	-0,0804	0,0000	-0,1768	**-0,2046**
	48	-0,0889	0,0000	0,0000	-0,0804	0,0000	-0,1768	**-0,2046**
	49	-0,0889	0,0000	0,0000	-0,0804	0,0000	-0,1768	**-0,2046**
	50	-0,0889	0,0000	0,0000	-0,0804	0,0000	-0,1768	**-0,2046**

51	-0,0889	0,0000	0,0000	-0,0804	0,0000	-0,1768	**-0,2046**
52	-0,0889	0,0000	0,0000	-0,0804	0,0000	-0,1768	**-0,2046**
53	-0,0889	0,0000	0,0000	-0,0804	0,0000	-0,1768	**-0,2046**
54	-0,0889	0,0000	0,0000	-0,0804	0,0000	-0,1768	**-0,2046**
55	-0,0889	0,0000	0,0000	-0,0804	0,0000	-0,1768	**-0,2046**
56	-0,0889	0,0000	0,0000	-0,0804	0,0000	-0,1768	**-0,2046**
57	-0,0889	0,0000	0,0000	-0,0804	0,0000	-0,1768	**-0,2046**
58	-0,0889	0,0000	0,0000	-0,0804	0,0000	-0,1768	**-0,2046**
59	-0,0889	0,0000	0,0000	-0,0804	0,0000	-0,1768	**-0,2046**
60	-0,0889	0,0000	0,0000	-0,0804	0,0000	-0,1768	**-0,2046**
61	-0,0889	0,0000	0,0000	-0,0804	0,0000	-0,1768	**-0,2046**
62	-0,0889	0,0000	0,0000	-0,0804	0,0000	-0,1768	**-0,2046**
63	-0,0889	0,0000	0,0000	-0,0804	0,0000	-0,1768	**-0,2046**
64	-0,0889	0,0000	0,0000	-0,0804	0,0000	-0,1768	**-0,2046**
65	-0,0889	0,0000	0,0000	-0,0804	0,0000	-0,1768	**-0,2046**
66	-0,0889	0,0000	0,0000	-0,0804	0,0000	-0,1768	**-0,2046**
67	-0,0889	0,0000	0,0000	-0,0804	0,0000	-0,1768	**-0,2046**
68	-0,0889	0,0000	0,0000	-0,0804	0,0000	-0,1768	**-0,2046**
69	-0,0889	0,0000	0,0000	-0,0804	0,0000	-0,1768	**-0,2046**
70	-0,0889	0,0000	0,0000	-0,0804	0,0000	-0,1768	**-0,2046**
71	-0,0889	0,0000	0,0000	-0,0804	0,0000	-0,1768	**-0,2046**
72	-0,0889	0,0000	0,0000	-0,0804	0,0000	-0,1768	**-0,2046**
73	-0,0889	0,0000	0,0000	-0,0804	0,0000	-0,1768	**-0,2046**
74	-0,0889	0,0000	0,0000	-0,0804	0,0000	-0,1768	**-0,2046**
75	-0,0889	0,0000	0,0000	-0,0804	0,0000	-0,1768	**-0,2046**
76	-0,0889	0,0000	0,0000	-0,0804	0,0000	-0,1768	**-0,2046**
77	-0,0889	0,0000	0,0000	-0,0804	0,0000	-0,1768	**-0,2046**
78	-0,0889	0,0000	0,0000	-0,0804	0,0000	-0,1768	**-0,2046**
79	-0,0889	0,0000	0,0000	-0,0804	0,0000	-0,1768	**-0,2046**
80	-0,0889	0,0000	0,0000	-	0,0000	-	**-0,2046**

						0,0804		0,1768	
Poteau+Travers	81	-0,0877	0,0000	0,0000	-0,0402	-0,0234	-0,0884	**-0,1690**
Poteaux	82	-0,0865	0,0000	0,0000	0,0000	-0,0469	0,0000	**-0,1333**
	83	-0,0865	0,0000	0,0000	0,0000	-0,0469	0,0000	**-0,1333**
	84	-0,0865	0,0000	0,0000	0,0000	-0,0469	0,0000	**-0,1333**
	85	-0,0865	0,0000	0,0000	0,0000	-0,0469	0,0000	**-0,1333**
	86	-0,0865	0,0000	0,0000	0,0000	-0,0469	0,0000	**-0,1333**
	87	-0,0865	0,0000	0,0000	0,0000	-0,0469	0,0000	**-0,1333**
	88	-0,0865	0,0000	0,0000	0,0000	-0,0469	0,0000	**-0,1333**
	89	-0,0865	0,0000	0,0000	0,0000	-0,0469	0,0000	**-0,1333**
	90	-0,0865	0,0000	0,0000	0,0000	-0,0469	0,0000	**-0,1333**
	91	-0,0865	0,0000	0,0000	0,0000	-0,0469	0,0000	**-0,1333**
	92	-0,0865	0,0000	0,0000	0,0000	-0,0469	0,0000	**-0,1333**
	93	-0,0865	0,0000	0,0000	0,0000	-0,0469	0,0000	**-0,1333**
	94	-0,0865	0,0000	0,0000	0,0000	-0,0469	0,0000	**-0,1333**
	95	-0,0865	0,0000	0,0000	0,0000	-0,0469	0,0000	**-0,1333**
	96	-0,0865	0,0000	0,0000	0,0000	-0,0469	0,0000	**-0,1333**
	97	-0,0865	0,0000	0,0000	0,0000	-0,0469	0,0000	**-0,1333**
	98	-0,0865	0,0000	0,0000	0,0000	-0,0469	0,0000	**-0,1333**
	99	-0,0865	0,0000	0,0000	0,0000	-0,0234	0,0000	**-0,1099**
	100	-0,0865	0,0000	0,0000	0,0000	0,0000	0,0000	**-0,0865**
	101	-0,0865	0,0000	0,0000	0,0000	0,0000	0,0000	**-0,0865**
	102	-0,0865	0,0000	0,0000	0,0000	0,0000	0,0000	**-0,0865**
	103	-0,0865	0,0000	0,0000	0,0000	0,0000	0,0000	**-0,0865**
	104	-0,0865	0,0000	0,0000	0,0000	0,0000	0,0000	**-0,0865**
Poteau+Elément rigide	105	-0,0432	0,0000	-0,0094	0,0000	0,0000	0,0000	**-0,0526**
Platine	106	0,0000	-0,0012	0,0000	0,0000	0,0000	0,0000	**-0,0012**

Platine+Elément rigide	107	0,0000	-0,0012	-0,0047	0,0000	0,0000	0,0000	**-0,0059**
Eléments rigides	108	0,0000	0,0000	-0,0094	0,0000	0,0000	0,0000	**-0,0094**
	109	0,0000	0,0000	-0,0094	0,0000	0,0000	0,0000	**-0,0094**
	110	0,0000	0,0000	-0,0094	0,0000	0,0000	0,0000	**-0,0094**
	111	0,0000	0,0000	-0,0094	0,0000	0,0000	0,0000	**-0,0094**
	112	0,0000	0,0000	-0,0094	0,0000	0,0000	0,0000	**-0,0094**
	113	0,0000	0,0000	-0,0094	0,0000	0,0000	0,0000	**-0,0094**
	114	0,0000	0,0000	-0,0094	0,0000	0,0000	0,0000	**-0,0094**
	115	0,0000	0,0000	-0,0094	0,0000	0,0000	0,0000	**-0,0094**
	116	0,0000	0,0000	-0,0094	0,0000	0,0000	0,0000	**-0,0094**
	117	0,0000	0,0000	-0,0094	0,0000	0,0000	0,0000	**-0,0094**
	118	0,0000	0,0000	-0,0094	0,0000	0,0000	0,0000	**-0,0094**
	119	0,0000	0,0000	-0,0094	0,0000	0,0000	0,0000	**-0,0094**
	120	0,0000	0,0000	-0,0094	0,0000	0,0000	0,0000	**-0,0094**
	121	0,0000	0,0000	-0,0094	0,0000	0,0000	0,0000	**-0,0094**
	122	0,0000	0,0000	-0,0094	0,0000	0,0000	0,0000	**-0,0094**
	123	0,0000	0,0000	-0,0094	0,0000	0,0000	0,0000	**-0,0094**
Platine+Elément rigide	124	0,0000	-0,0012	-0,0126	0,0000	0,0000	0,0000	**-0,0137**
Platine	125	0,0000	-0,0012	0,0000	0,0000	0,0000	0,0000	**-0,0012**
	126	0,0000	-0,0012	0,0000	0,0000	0,0000	0,0000	**-0,0012**

Platine+Elément rigide	127	0,0000	-0,0012	-0,0126	0,0000	0,0000	0,0000	**-0,0137**
Eléments rigides	128	0,0000	0,0000	-0,0094	0,0000	0,0000	0,0000	**-0,0094**
	129	0,0000	0,0000	-0,0094	0,0000	0,0000	0,0000	**-0,0094**
	130	0,0000	0,0000	-0,0094	0,0000	0,0000	0,0000	**-0,0094**
	131	0,0000	0,0000	-0,0094	0,0000	0,0000	0,0000	**-0,0094**
	132	0,0000	0,0000	-0,0094	0,0000	0,0000	0,0000	**-0,0094**
	133	0,0000	0,0000	-0,0094	0,0000	0,0000	0,0000	**-0,0094**
	134	0,0000	0,0000	-0,0094	0,0000	0,0000	0,0000	**-0,0094**
	135	0,0000	0,0000	-0,0094	0,0000	0,0000	0,0000	**-0,0094**
	136	0,0000	0,0000	-0,0094	0,0000	0,0000	0,0000	**-0,0094**
	137	0,0000	0,0000	-0,0094	0,0000	0,0000	0,0000	**-0,0094**
	138	0,0000	0,0000	-0,0094	0,0000	0,0000	0,0000	**-0,0094**
	139	0,0000	0,0000	-0,0094	0,0000	0,0000	0,0000	**-0,0094**
	140	0,0000	0,0000	-0,0094	0,0000	0,0000	0,0000	**-0,0094**
	141	0,0000	0,0000	-0,0094	0,0000	0,0000	0,0000	**-0,0094**
	142	0,0000	0,0000	-0,0094	0,0000	0,0000	0,0000	**-0,0094**
	143	0,0000	0,0000	-0,0094	0,0000	0,0000	0,0000	**-0,0094**
Platine+Elément rigide	144	0,0000	-0,0012	-0,0047	0,0000	0,0000	0,0000	**-0,0059**
Platine	145	0,0000	-0,0012	0,0000	0,0000	0,0000	0,0000	**-0,0012**
Eléments rigides verticals	146	0,0000	0,0000	-0,0157	0,0000	0,0000	0,0000	**-0,0157**
	147	0,0000	0,0000	-0,0157	0,0000	0,0000	0,0000	**-0,0157**
	148	0,0000	0,0000	-0,0157	0,0000	0,0000	0,0000	**-0,0157**
	149	0,0000	0,0000	-0,0157	0,0000	0,0000	0,0000	**-0,0157**
	150	0,0000	0,0000	-0,0157	0,0000	0,0000	0,0000	**-0,0157**
	151	0,0000	0,0000	-0,0079	0,0000	0,0000	0,0000	**-0,0079**
	152	0,0000	0,0000	-0,0157	0,0000	0,0000	0,0000	**-0,0157**

153	0,0000	0,0000	-0,0157	0,0000	0,0000	0,0000	**-0,0157**
154	0,0000	0,0000	-0,0157	0,0000	0,0000	0,0000	**-0,0157**
155	0,0000	0,0000	-0,0157	0,0000	0,0000	0,0000	**-0,0157**
156	0,0000	0,0000	-0,0157	0,0000	0,0000	0,0000	**-0,0157**
157	0,0000	0,0000	-0,0079	0,0000	0,0000	0,0000	**-0,0079**

4. Cas de pieds modélisés et combinaison des charges avec du vent : G + 0.2W

	N°	Poteau / travers	Platine	Eléments rigides	Toiture	Bardage	Vent sur toiture	Vent amont	Vent aval	Verticale	Horizontale
			Charges verticales (T)					Charges horizontales (T)		Totale (T)	
		I = -0.166 x Le	II = -0.0785xLe	III = -0.314x Le	IV = -0.025x6xLe	V = -0.015x6xLe	VI = 0.45x 0.0555 x6xLe	VII = 0.8x 0.0555 x6xLe	VIII = 0.3x0.0555 x6xLe	IX=I+II +III+IV +V+0.2 xVI	X = 0.2 x (VII + VIII)
Poteau+Elément rigide	1	-0.0432	0.0000	-0.0094	0.0000	0.0000	0.000	0.069	0.000	-0.0526	0.0139
Poteaux	2	-0.0865	0.0000	0.0000	0.0000	0.0000	0.000	0.139	0.000	-0.0865	0.0278
	3	-0.0865	0.0000	0.0000	0.0000	0.0000	0.000	0.139	0.000	-0.0865	0.0278
	4	-0.0865	0.0000	0.0000	0.0000	0.0000	0.000	0.139	0.000	-0.0865	0.0278
	5	-0.0865	0.0000	0.0000	0.0000	0.0000	0.000	0.139	0.000	-0.0865	0.0278
	6	-0.0865	0.0000	0.0000	0.0000	0.0000	0.000	0.139	0.000	-0.0865	0.0278
	7	-	0.000	0.0000	0.000	-0.0234	0.000	0.139	0.000	-0.1099	0.0278

	0.0865	0		0						
8	-0.0865	0.0000	0.0000	0.0000	-0.0469	0.000	0.139	0.000	**-0.1333**	**0.0278**
9	-0.0865	0.0000	0.0000	0.0000	-0.0469	0.000	0.139	0.000	**-0.1333**	**0.0278**
10	-0.0865	0.0000	0.0000	0.0000	-0.0469	0.000	0.139	0.000	**-0.1333**	**0.0278**
11	-0.0865	0.0000	0.0000	0.0000	-0.0469	0.000	0.139	0.000	**-0.1333**	**0.0278**
12	-0.0865	0.0000	0.0000	0.0000	-0.0469	0.000	0.139	0.000	**-0.1333**	**0.0278**
13	-0.0865	0.0000	0.0000	0.0000	-0.0469	0.000	0.139	0.000	**-0.1333**	**0.0278**
14	-0.0865	0.0000	0.0000	0.0000	-0.0469	0.000	0.139	0.000	**-0.1333**	**0.0278**
15	-0.0865	0.0000	0.0000	0.0000	-0.0469	0.000	0.139	0.000	**-0.1333**	**0.0278**
16	-0.0865	0.0000	0.0000	0.0000	-0.0469	0.000	0.139	0.000	**-0.1333**	**0.0278**
17	-0.0865	0.0000	0.0000	0.0000	-0.0469	0.000	0.139	0.000	**-0.1333**	**0.0278**
18	-0.0865	0.0000	0.0000	0.0000	-0.0469	0.000	0.139	0.000	**-0.1333**	**0.0278**
19	-0.0865	0.0000	0.0000	0.0000	-0.0469	0.000	0.139	0.000	**-0.1333**	**0.0278**
20	-0.0865	0.0000	0.0000	0.0000	-0.0469	0.000	0.139	0.000	**-0.1333**	**0.0278**
21	-0.0865	0.0000	0.0000	0.0000	-0.0469	0.000	0.139	0.000	**-0.1333**	**0.0278**
22	-0.0865	0.0000	0.0000	0.0000	-0.0469	0.000	0.139	0.000	**-0.1333**	**0.0278**
23	-0.0865	0.0000	0.0000	0.0000	-0.0469	0.000	0.139	0.000	**-0.1333**	**0.0278**
24	-0.0865	0.0000	0.0000	0.0000	-0.0469	0.000	0.139	0.000	**-0.1333**	**0.0278**

Poteau+Travers		25	-0.0877	0.0000	0.0000	-0.0402	-0.0234	0.040	0.069	0.000	**-0.1433**	**0.0139**
Travers		26	-0.0889	0.0000	0.0000	-0.0804	0.0000	0.080	0.000	0.000	**-0.1532**	**0.0000**
		27	-0.0889	0.0000	0.0000	-0.0804	0.0000	0.080	0.000	0.000	**-0.1532**	**0.0000**
		28	-0.0889	0.0000	0.0000	-0.0804	0.0000	0.080	0.000	0.000	**-0.1532**	**0.0000**
		29	-0.0889	0.0000	0.0000	-0.0804	0.0000	0.080	0.000	0.000	**-0.1532**	**0.0000**
		30	-0.0889	0.0000	0.0000	-0.0804	0.0000	0.080	0.000	0.000	**-0.1532**	**0.0000**
		31	-0.0889	0.0000	0.0000	-0.0804	0.0000	0.080	0.000	0.000	**-0.1532**	**0.0000**
		32	-0.0889	0.0000	0.0000	-0.0804	0.0000	0.080	0.000	0.000	**-0.1532**	**0.0000**
		33	-0.0889	0.0000	0.0000	-0.0804	0.0000	0.080	0.000	0.000	**-0.1532**	**0.0000**
		34	-0.0889	0.0000	0.0000	-0.0804	0.0000	0.080	0.000	0.000	**-0.1532**	**0.0000**
		35	-0.0889	0.0000	0.0000	-0.0804	0.0000	0.080	0.000	0.000	**-0.1532**	**0.0000**
		36	-0.0889	0.0000	0.0000	-0.0804	0.0000	0.080	0.000	0.000	**-0.1532**	**0.0000**
		37	-0.0889	0.0000	0.0000	-0.0804	0.0000	0.080	0.000	0.000	**-0.1532**	**0.0000**
		38	-0.0889	0.0000	0.0000	-0.0804	0.0000	0.080	0.000	0.000	**-0.1532**	**0.0000**
		39	-0.0889	0.0000	0.0000	-0.0804	0.0000	0.080	0.000	0.000	**-0.1532**	**0.0000**
		40	-0.0889	0.0000	0.0000	-0.0804	0.0000	0.080	0.000	0.000	**-0.1532**	**0.0000**
		41	-0.0889	0.0000	0.0000	-0.0804	0.0000	0.080	0.000	0.000	**-0.1532**	**0.0000**
		42	-0.0889	0.0000	0.0000	-0.0804	0.0000	0.080	0.000	0.000	**-0.1532**	**0.0000**
		43	-	0.000	0.0000	-	0.0000	0.080	0.000	0.000	**-0.1532**	**0.0000**

	0.0889	0		0.0804					
44	-0.0889	0.0000	0.0000	-0.0804	0.0000	0.080	0.000	0.000	**-0.1532**	**0.0000**
45	-0.0889	0.0000	0.0000	-0.0804	0.0000	0.080	0.000	0.000	**-0.1532**	**0.0000**
46	-0.0889	0.0000	0.0000	-0.0804	0.0000	0.080	0.000	0.000	**-0.1532**	**0.0000**
47	-0.0889	0.0000	0.0000	-0.0804	0.0000	0.080	0.000	0.000	**-0.1532**	**0.0000**
48	-0.0889	0.0000	0.0000	-0.0804	0.0000	0.080	0.000	0.000	**-0.1532**	**0.0000**
49	-0.0889	0.0000	0.0000	-0.0804	0.0000	0.080	0.000	0.000	**-0.1532**	**0.0000**
50	-0.0889	0.0000	0.0000	-0.0804	0.0000	0.080	0.000	0.000	**-0.1532**	**0.0000**
51	-0.0889	0.0000	0.0000	-0.0804	0.0000	0.080	0.000	0.000	**-0.1532**	**0.0000**
52	-0.0889	0.0000	0.0000	-0.0804	0.0000	0.080	0.000	0.000	**-0.1532**	**0.0000**
53	-0.0889	0.0000	0.0000	-0.0804	0.0000	0.080	0.000	0.000	**-0.1532**	**0.0000**
54	-0.0889	0.0000	0.0000	-0.0804	0.0000	0.080	0.000	0.000	**-0.1532**	**0.0000**
55	-0.0889	0.0000	0.0000	-0.0804	0.0000	0.080	0.000	0.000	**-0.1532**	**0.0000**
56	-0.0889	0.0000	0.0000	-0.0804	0.0000	0.080	0.000	0.000	**-0.1532**	**0.0000**
57	-0.0889	0.0000	0.0000	-0.0804	0.0000	0.080	0.000	0.000	**-0.1532**	**0.0000**
58	-0.0889	0.0000	0.0000	-0.0804	0.0000	0.080	0.000	0.000	**-0.1532**	**0.0000**
59	-0.0889	0.0000	0.0000	-0.0804	0.0000	0.080	0.000	0.000	**-0.1532**	**0.0000**
60	-0.0889	0.0000	0.0000	-0.0804	0.0000	0.080	0.000	0.000	**-0.1532**	**0.0000**
61	-0.0889	0.0000	0.0000	-0.0804	0.0000	0.080	0.000	0.000	**-0.1532**	**0.0000**
62	-0.0889	0.0000	0.0000	-0.0804	0.0000	0.080	0.000	0.000	**-0.1532**	**0.0000**
63	-	0.000	0.0000	-	0.0000	0.080	0.000	0.000	**-0.1532**	**0.0000**

	-0.0889	0		-0.0804						
64	-0.0889	0.0000	0.0000	-0.0804	0.0000	0.080	0.000	0.000	**-0.1532**	**0.0000**
65	-0.0889	0.0000	0.0000	-0.0804	0.0000	0.080	0.000	0.000	**-0.1532**	**0.0000**
66	-0.0889	0.0000	0.0000	-0.0804	0.0000	0.080	0.000	0.000	**-0.1532**	**0.0000**
67	-0.0889	0.0000	0.0000	-0.0804	0.0000	0.080	0.000	0.000	**-0.1532**	**0.0000**
68	-0.0889	0.0000	0.0000	-0.0804	0.0000	0.080	0.000	0.000	**-0.1532**	**0.0000**
69	-0.0889	0.0000	0.0000	-0.0804	0.0000	0.080	0.000	0.000	**-0.1532**	**0.0000**
70	-0.0889	0.0000	0.0000	-0.0804	0.0000	0.080	0.000	0.000	**-0.1532**	**0.0000**
71	-0.0889	0.0000	0.0000	-0.0804	0.0000	0.080	0.000	0.000	**-0.1532**	**0.0000**
72	-0.0889	0.0000	0.0000	-0.0804	0.0000	0.080	0.000	0.000	**-0.1532**	**0.0000**
73	-0.0889	0.0000	0.0000	-0.0804	0.0000	0.080	0.000	0.000	**-0.1532**	**0.0000**
74	-0.0889	0.0000	0.0000	-0.0804	0.0000	0.080	0.000	0.000	**-0.1532**	**0.0000**
75	-0.0889	0.0000	0.0000	-0.0804	0.0000	0.080	0.000	0.000	**-0.1532**	**0.0000**
76	-0.0889	0.0000	0.0000	-0.0804	0.0000	0.080	0.000	0.000	**-0.1532**	**0.0000**
77	-0.0889	0.0000	0.0000	-0.0804	0.0000	0.080	0.000	0.000	**-0.1532**	**0.0000**
78	-0.0889	0.0000	0.0000	-0.0804	0.0000	0.080	0.000	0.000	**-0.1532**	**0.0000**
79	-0.0889	0.0000	0.0000	-0.0804	0.0000	0.080	0.000	0.000	**-0.1532**	**0.0000**
80	-0.0889	0.0000	0.0000	-0.0804	0.0000	0.080	0.000	0.000	**-0.1532**	**0.0000**

Poteau+Travers	81	-0.0877	0.0000	0.0000	-0.0402	-0.0234	0.040	0.000	0.026	**-0.1433**	**0.0052**
Poteaux	82	-0.0865	0.0000	0.0000	0.0000	-0.0469	0.000	0.000	0.052	**-0.1333**	**0.0104**
	83	-0.0865	0.0000	0.0000	0.0000	-0.0469	0.000	0.000	0.052	**-0.1333**	**0.0104**
	84	-0.0865	0.0000	0.0000	0.0000	-0.0469	0.000	0.000	0.052	**-0.1333**	**0.0104**
	85	-0.0865	0.0000	0.0000	0.0000	-0.0469	0.000	0.000	0.052	**-0.1333**	**0.0104**
	86	-0.0865	0.0000	0.0000	0.0000	-0.0469	0.000	0.000	0.052	**-0.1333**	**0.0104**
	87	-0.0865	0.0000	0.0000	0.0000	-0.0469	0.000	0.000	0.052	**-0.1333**	**0.0104**
	88	-0.0865	0.0000	0.0000	0.0000	-0.0469	0.000	0.000	0.052	**-0.1333**	**0.0104**
	89	-0.0865	0.0000	0.0000	0.0000	-0.0469	0.000	0.000	0.052	**-0.1333**	**0.0104**
	90	-0.0865	0.0000	0.0000	0.0000	-0.0469	0.000	0.000	0.052	**-0.1333**	**0.0104**
	91	-0.0865	0.0000	0.0000	0.0000	-0.0469	0.000	0.000	0.052	**-0.1333**	**0.0104**
	92	-0.0865	0.0000	0.0000	0.0000	-0.0469	0.000	0.000	0.052	**-0.1333**	**0.0104**
	93	-0.0865	0.0000	0.0000	0.0000	-0.0469	0.000	0.000	0.052	**-0.1333**	**0.0104**
	94	-0.0865	0.0000	0.0000	0.0000	-0.0469	0.000	0.000	0.052	**-0.1333**	**0.0104**
	95	-0.0865	0.0000	0.0000	0.0000	-0.0469	0.000	0.000	0.052	**-0.1333**	**0.0104**
	96	-0.0865	0.0000	0.0000	0.0000	-0.0469	0.000	0.000	0.052	**-0.1333**	**0.0104**
	97	-0.0865	0.0000	0.0000	0.0000	-0.0469	0.000	0.000	0.052	**-0.1333**	**0.0104**
	98	-0.0865	0.0000	0.0000	0.0000	-0.0469	0.000	0.000	0.052	**-0.1333**	**0.0104**

	99	-0.0865	0.0000	0.0000	0.0000	-0.0234	0.000	0.000	0.052	**-0.1099**	**0.0104**
	100	-0.0865	0.0000	0.0000	0.0000	0.0000	0.000	0.000	0.052	**-0.0865**	**0.0104**
	101	-0.0865	0.0000	0.0000	0.0000	0.0000	0.000	0.000	0.052	**-0.0865**	**0.0104**
	102	-0.0865	0.0000	0.0000	0.0000	0.0000	0.000	0.000	0.052	**-0.0865**	**0.0104**
	103	-0.0865	0.0000	0.0000	0.0000	0.0000	0.000	0.000	0.052	**-0.0865**	**0.0104**
	104	-0.0865	0.0000	0.0000	0.0000	0.0000	0.000	0.000	0.052	**-0.0865**	**0.0104**
Poteau+Elément rigide	**105**	-0.0432	0.0000	-0.0094	0.0000	0.0000	0.000	0.000	0.026	**-0.0526**	**0.0052**
Platine	106	0.0000	-0.0012	0.0000	0.0000	0.0000	0.0000	0.0000	0.0000	**-0.0012**	**0.0000**
Platine+Elément rigide	107	0.0000	-0.0012	-0.0047	0.0000	0.0000	0.0000	0.0000	0.0000	**-0.0059**	**0.0000**
Eléments rigides	108	0.0000	0.0000	-0.0094	0.0000	0.0000	0.0000	0.0000	0.0000	**-0.0094**	**0.0000**
	109	0.0000	0.0000	-0.0094	0.0000	0.0000	0.0000	0.0000	0.0000	**-0.0094**	**0.0000**
	110	0.0000	0.0000	-0.0094	0.0000	0.0000	0.0000	0.0000	0.0000	**-0.0094**	**0.0000**
	111	0.0000	0.0000	-0.0094	0.0000	0.0000	0.0000	0.0000	0.0000	**-0.0094**	**0.0000**
	112	0.0000	0.0000	-0.0094	0.0000	0.0000	0.0000	0.0000	0.0000	**-0.0094**	**0.0000**
	113	0.0000	0.0000	-0.0094	0.0000	0.0000	0.0000	0.0000	0.0000	**-0.0094**	**0.0000**
	114	0.0000	0.0000	-0.0094	0.0000	0.0000	0.0000	0.0000	0.0000	**-0.0094**	**0.0000**

	115	0.0000	0.0000	-0.0094	0.0000	0.0000	0.0000	0.0000	0.0000	-0.0094	0.0000
	116	0.0000	0.0000	-0.0094	0.0000	0.0000	0.0000	0.0000	0.0000	-0.0094	0.0000
	117	0.0000	0.0000	-0.0094	0.0000	0.0000	0.0000	0.0000	0.0000	-0.0094	0.0000
	118	0.0000	0.0000	-0.0094	0.0000	0.0000	0.0000	0.0000	0.0000	-0.0094	0.0000
	119	0.0000	0.0000	-0.0094	0.0000	0.0000	0.0000	0.0000	0.0000	-0.0094	0.0000
	120	0.0000	0.0000	-0.0094	0.0000	0.0000	0.0000	0.0000	0.0000	-0.0094	0.0000
	121	0.0000	0.0000	-0.0094	0.0000	0.0000	0.0000	0.0000	0.0000	-0.0094	0.0000
	122	0.0000	0.0000	-0.0094	0.0000	0.0000	0.0000	0.0000	0.0000	-0.0094	0.0000
	123	0.0000	0.0000	-0.0094	0.0000	0.0000	0.0000	0.0000	0.0000	-0.0094	0.0000
Platine+Elément rigide	124	0.0000	-0.0012	-0.0126	0.0000	0.0000	0.0000	0.0000	0.0000	-0.0137	0.0000
Platine	125	0.0000	-0.0012	0.0000	0.0000	0.0000	0.0000	0.0000	0.0000	-0.0012	0.0000
	126	0.0000	-0.0012	0.0000	0.0000	0.0000	0.0000	0.0000	0.0000	-0.0012	0.0000
Platine+Elément rigide	127	0.0000	-0.0012	-0.0126	0.0000	0.0000	0.0000	0.0000	0.0000	-0.0137	0.0000
Eléments rigides	128	0.0000	0.0000	-0.0094	0.0000	0.0000	0.0000	0.0000	0.0000	-0.0094	0.0000
	129	0.0000	0.0000	-0.0094	0.0000	0.0000	0.0000	0.0000	0.0000	-0.0094	0.0000
	130	0.0000	0.0000	-0.0094	0.0000	0.0000	0.0000	0.0000	0.0000	-0.0094	0.0000
	131	0.0000	0.0000	-0.0094	0.0000	0.0000	0.0000	0.0000	0.0000	-0.0094	0.0000
	132	0.0000	0.0000	-0.0094	0.0000	0.0000	0.0000	0.0000	0.0000	-0.0094	0.0000
	133	0.0000	0.0000	-0.0094	0.0000	0.0000	0.0000	0.0000	0.0000	-0.0094	0.0000
	134	0.000	0.000	-	0.000	0.0000	0.0000	0.0000	0.000	-0.0094	0.0000

	#										
		0	0	0.0094	0				0		
	135	0.0000	0.0000	-0.0094	0.0000	0.0000	0.0000	0.0000	0.0000	**-0.0094**	**0.0000**
	136	0.0000	0.0000	-0.0094	0.0000	0.0000	0.0000	0.0000	0.0000	**-0.0094**	**0.0000**
	137	0.0000	0.0000	-0.0094	0.0000	0.0000	0.0000	0.0000	0.0000	**-0.0094**	**0.0000**
	138	0.0000	0.0000	-0.0094	0.0000	0.0000	0.0000	0.0000	0.0000	**-0.0094**	**0.0000**
	139	0.0000	0.0000	-0.0094	0.0000	0.0000	0.0000	0.0000	0.0000	**-0.0094**	**0.0000**
	140	0.0000	0.0000	-0.0094	0.0000	0.0000	0.0000	0.0000	0.0000	**-0.0094**	**0.0000**
	141	0.0000	0.0000	-0.0094	0.0000	0.0000	0.0000	0.0000	0.0000	**-0.0094**	**0.0000**
	142	0.0000	0.0000	-0.0094	0.0000	0.0000	0.0000	0.0000	0.0000	**-0.0094**	**0.0000**
	143	0.0000	0.0000	-0.0094	0.0000	0.0000	0.0000	0.0000	0.0000	**-0.0094**	**0.0000**
Platine+Elément rigide	144	0.0000	-0.0012	0.0047	0.0000	0.0000	0.0000	0.0000	0.0000	**-0.0059**	**0.0000**
Platine	145	0.0000	-0.0012	0.0000	0.0000	0.0000	0.0000	0.0000	0.0000	**-0.0012**	**0.0000**
Eléments rigides verticaux	146	0.0000	0.0000	-0.0157	0.0000	0.0000	0.0000	0.0000	0.0000	**-0.0157**	**0.0000**
	147	0.0000	0.0000	-0.0157	0.0000	0.0000	0.0000	0.0000	0.0000	**-0.0157**	**0.0000**
	148	0.0000	0.0000	-0.0157	0.0000	0.0000	0.0000	0.0000	0.0000	**-0.0157**	**0.0000**
	149	0.0000	0.0000	-0.0157	0.0000	0.0000	0.0000	0.0000	0.0000	**-0.0157**	**0.0000**
	150	0.0000	0.0000	-0.0157	0.0000	0.0000	0.0000	0.0000	0.0000	**-0.0157**	**0.0000**
	151	0.0000	0.0000	-0.0079	0.0000	0.0000	0.0000	0.0000	0.0000	**-0.0079**	**0.0000**
	152	0.0000	0.0000	-0.0157	0.0000	0.0000	0.0000	0.0000	0.0000	**-0.0157**	**0.0000**
	153	0.0000	0.0000	-0.0157	0.0000	0.0000	0.0000	0.0000	0.0000	**-0.0157**	**0.0000**
	154	0.0000	0.0000	-0.0157	0.0000	0.0000	0.0000	0.0000	0.0000	**-0.0157**	**0.0000**
	155	0.0000	0.0000	-0.0157	0.0000	0.0000	0.0000	0.0000	0.0000	**-0.0157**	**0.0000**
	156	0.0000	0.0000	-0.0157	0.0000	0.0000	0.0000	0.0000	0.0000	**-0.0157**	**0.0000**
	157	0.0000	0.0000	-0.0079	0.0000	0.0000	0.0000	0.0000	0.0000	**-0.0079**	**0.0000**

ANNEXE 3 :

LES RESULTATS DE CALCUL AVEC LA VARIATION DES CARACTERISTIQUES DES RESSORTS

I. Influence de variation des caractéristiques du *massif de béton* sur le comportement au feu du portique

> cas 1: 0,75massif
> cas 2: 0,5massif
> cas 3: 0,25massif
> cas 4: déformation =0,2%

* Etats de *déformation du massif* pour chaque cas de variation des caractéristiques de ressort :

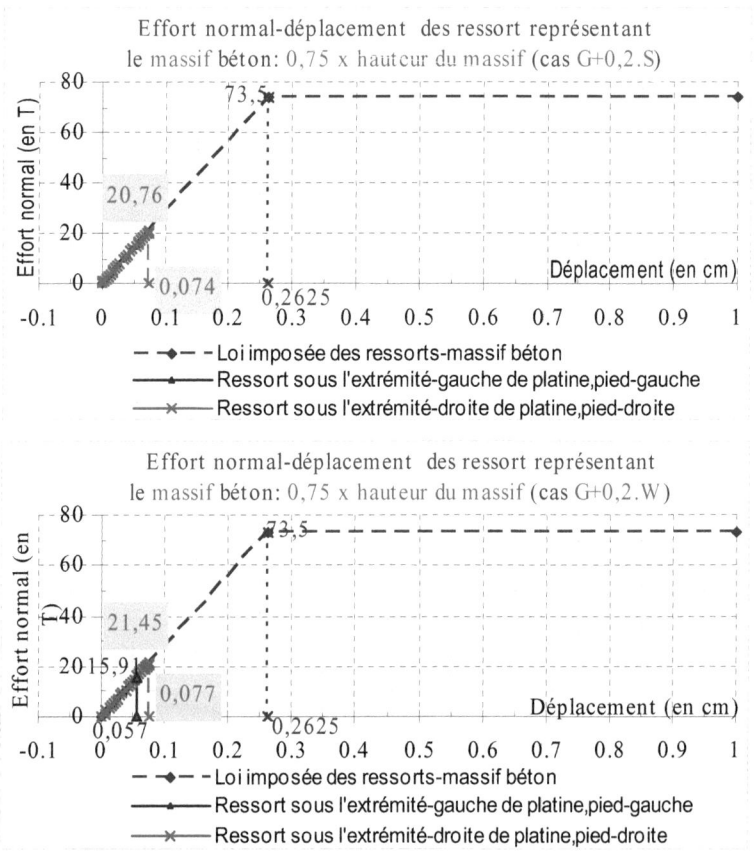

(Cas 1)

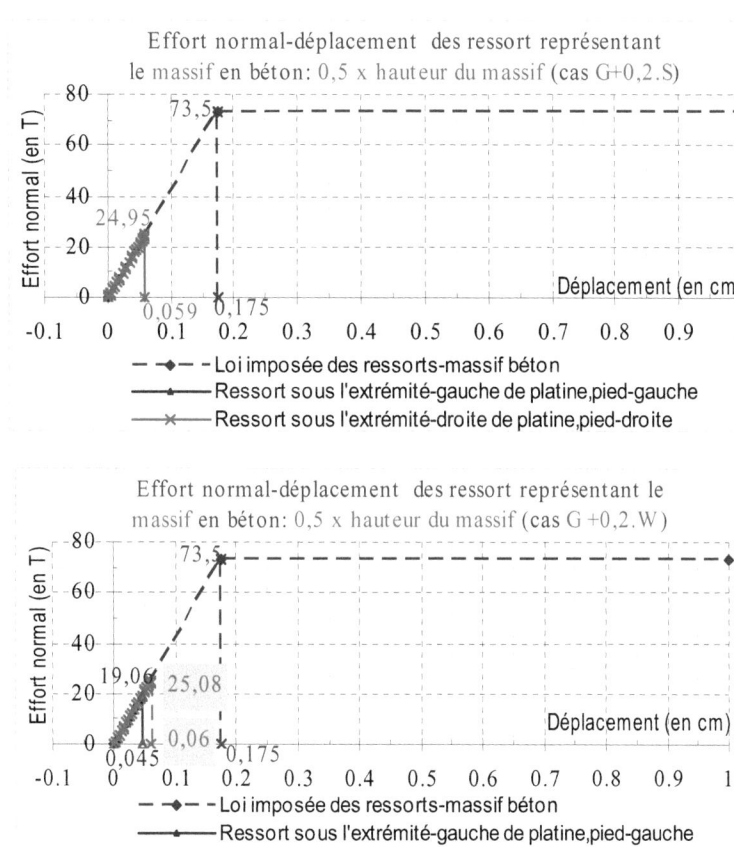

(Cas 2)

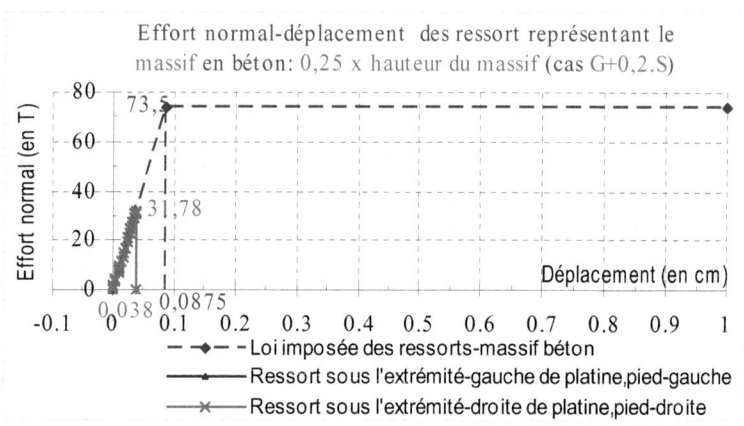

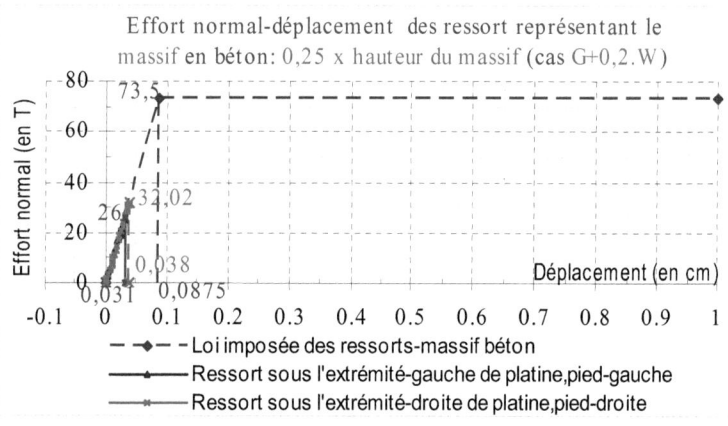

(Cas 3)

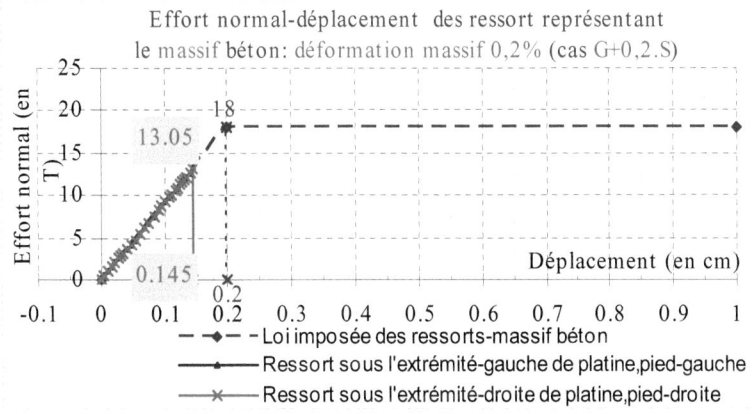

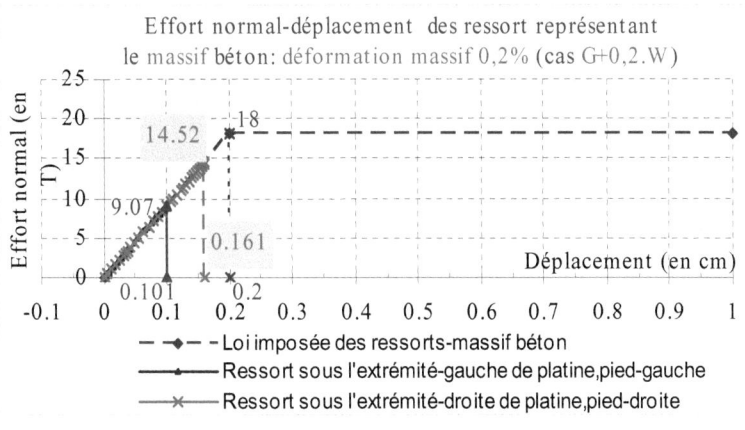

(Cas 4)

* Etats des *tiges d'ancrage* pour chaque cas de variation des caractéristiques de ressort :

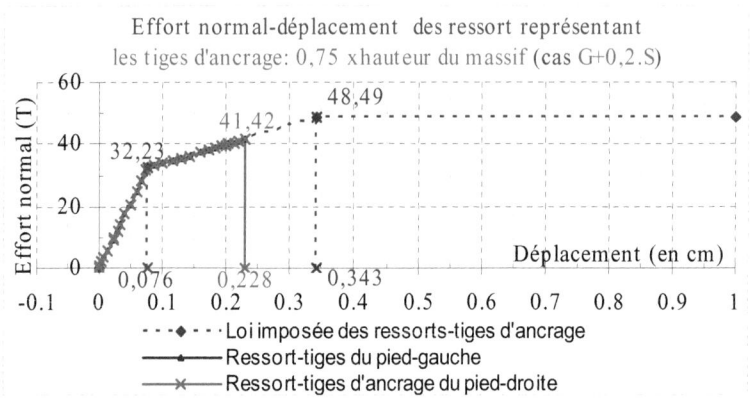

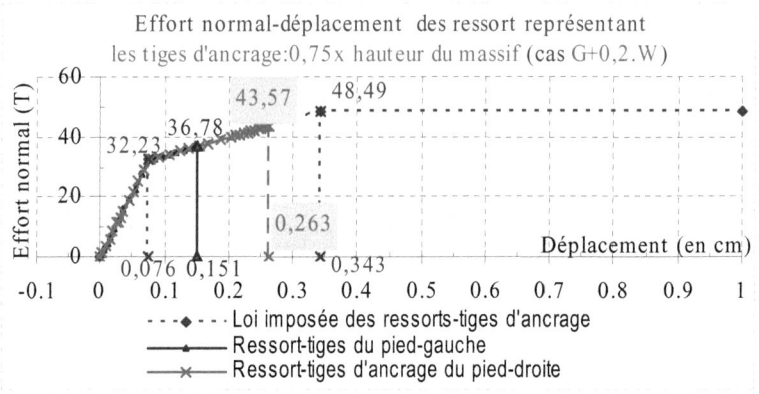

(Cas 1)

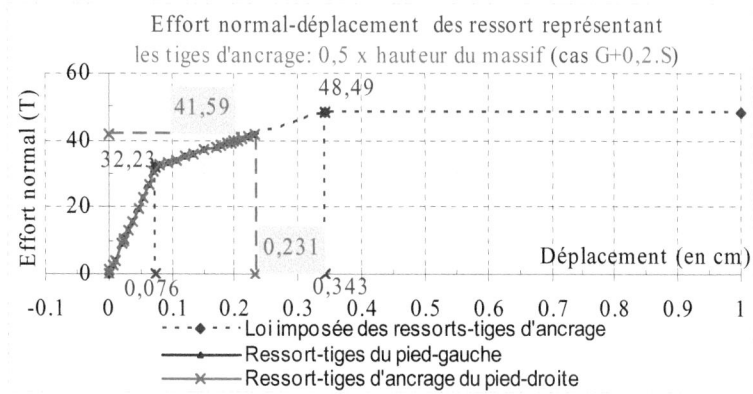

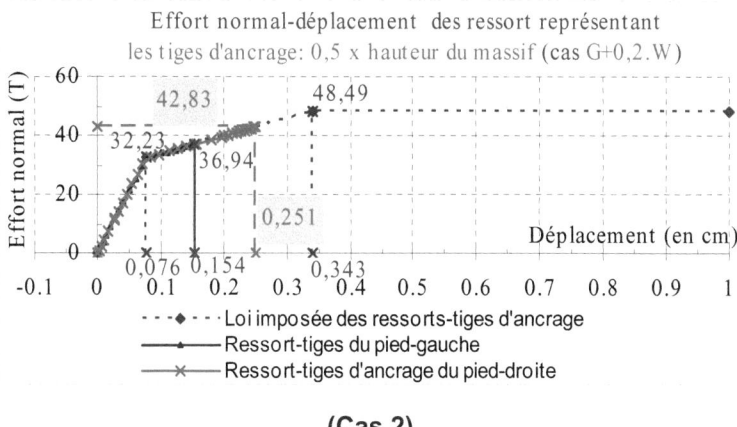

(Cas 2)

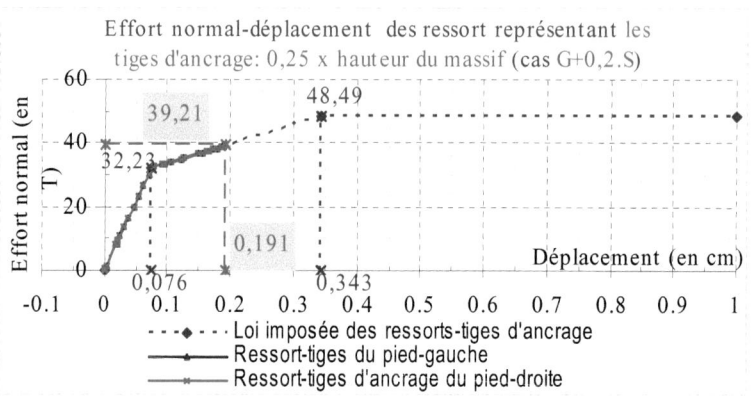

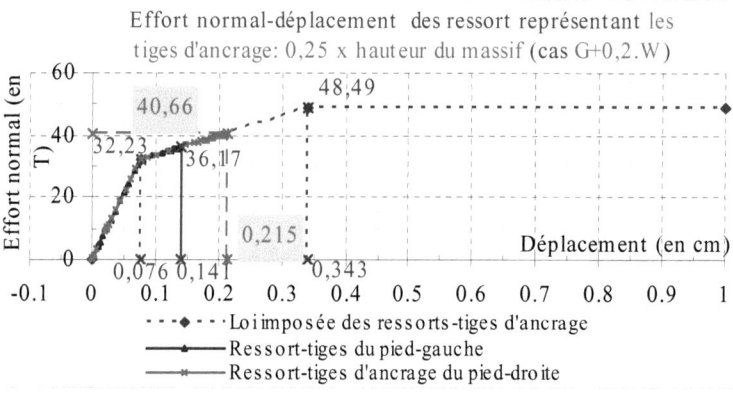

(Cas 3)

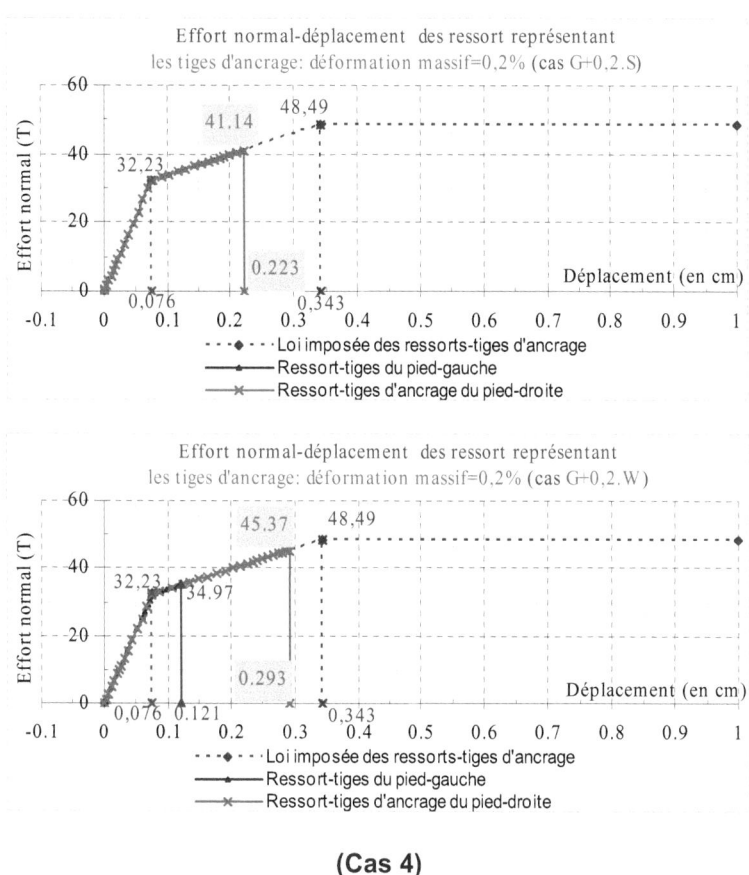

(Cas 4)

Donc, le mode de ruine pour chaque cas n'est pas différent que le cas de caractéristiques normaux des ressorts du massif (ni rupture du massif de béton, ni rupture des tiges d'ancrage). La raison que l'on obtient de même mode de ruine que le cas de dimension normale du massif bien qu'il y a de diminution de sa hauteur, c'est parce que la dimension que l'on prend pour la modélisation est **surdimensionnée** à froid (on a augmenté la hauteur du massif pour assurer l'ancrage des tiges dans la fondation).

* Le comportement au feu du portique étudié pour chaque cas :

Evolution de déplacement horizontal DX-25 en fonction du temps (Cas G+0.2S)

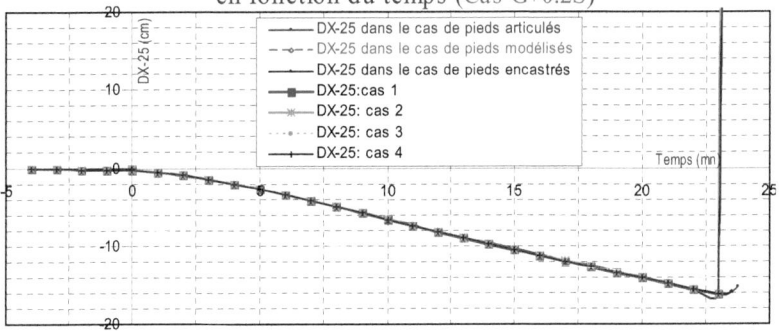

Evolution de déplacement horizontal DX-25 en fonction du temps (Cas G+0.2W)

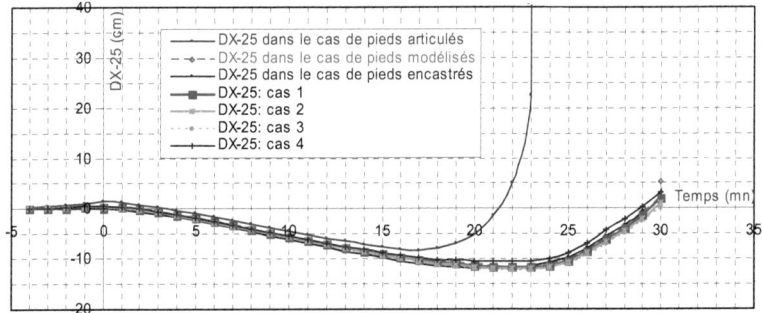

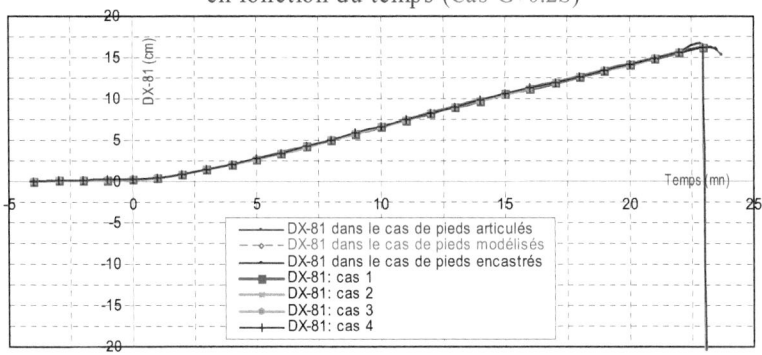

Evolution de déplacement horizontal DX-81 en fonction du temps (Cas G+0.2S)

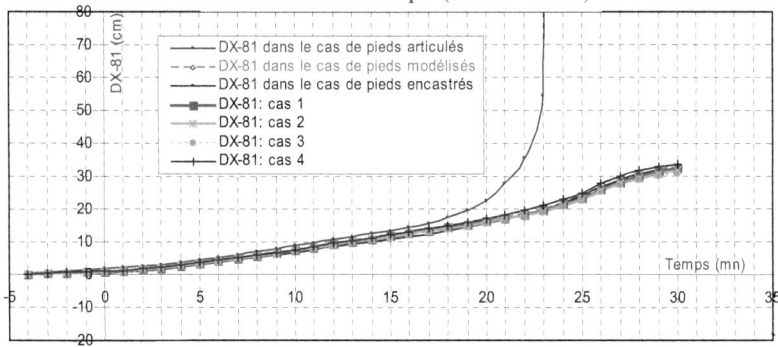

Evolution de déplacement horizontal DX-81 en fonction du temps (Cas G+0.2W)

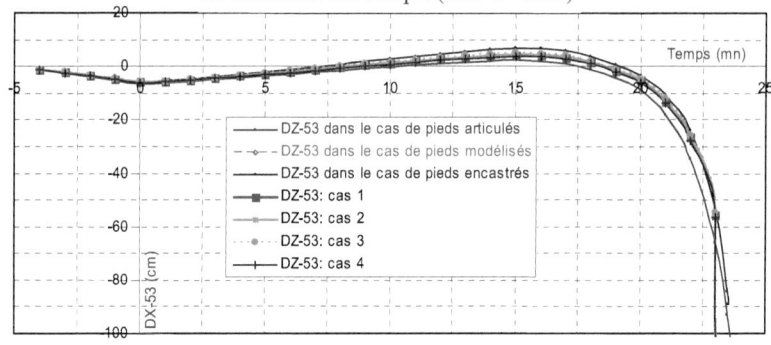

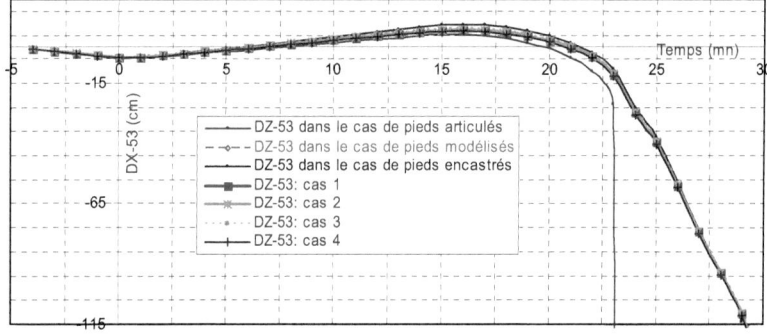

II. **Influence de variation des caractéristiques de la *chape en béton* sur le comportement au feu du portique**

Evolution de déplacement horizontal DX-25 en fonction du temps (Cas G+0.2S)

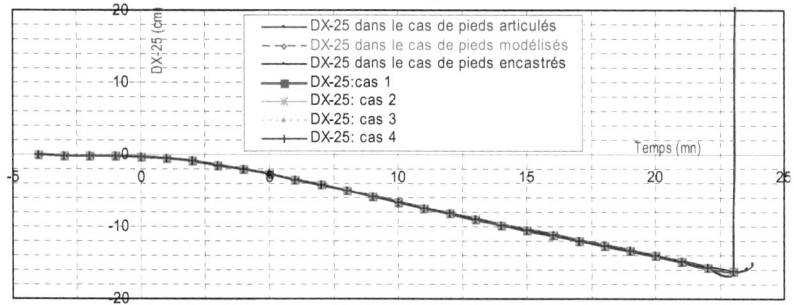

Evolution de déplacement horizontal DX-25 en fonction du temps (Cas G+0.2W)

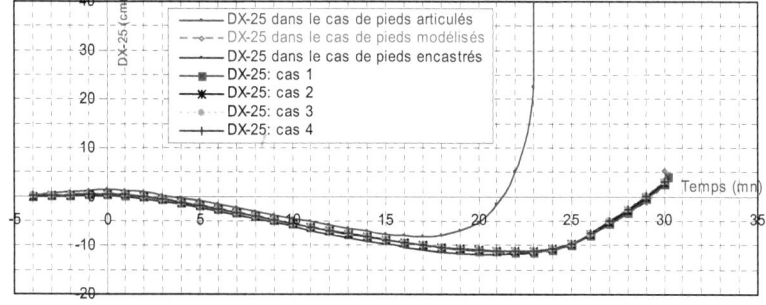

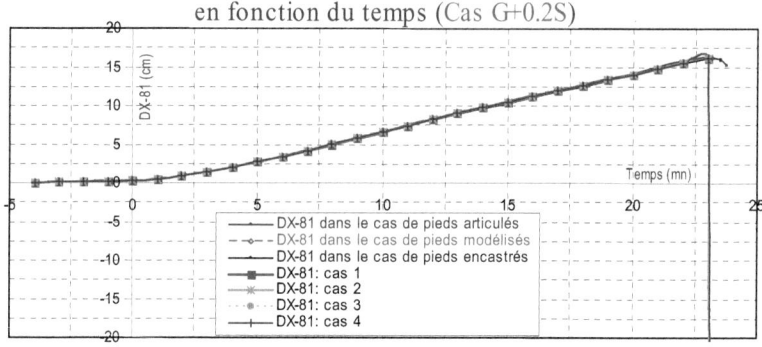

Evolution de déplacement horizontal DX-81 en fonction du temps (Cas G+0.2S)

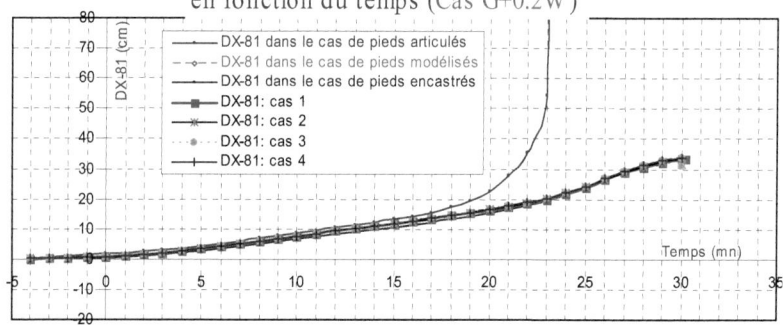

Evolution de déplacement horizontal DX-81 en fonction du temps (Cas G+0.2W)

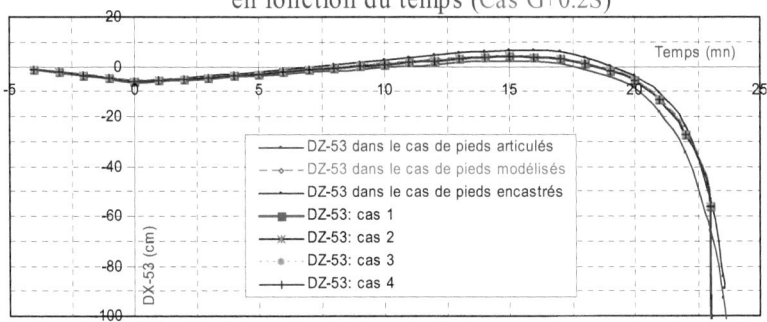

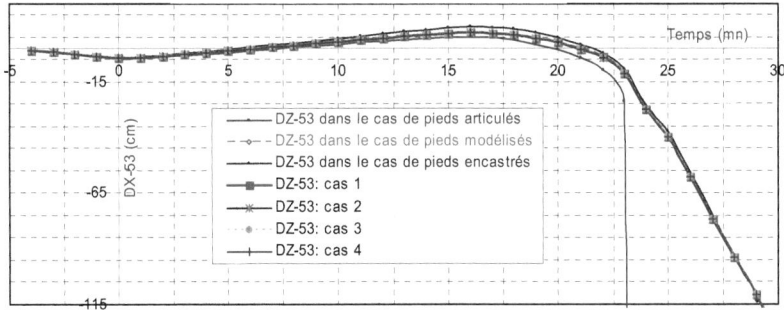

cas 1:	2xLchape	cas 3 :	Lchape = 7,5m
cas 2:	4x Lchape	cas 4:	Sans béton chape

III. Influence de variation des caractéristiques des *tiges d'ancrage* sur le comportement au feu du portique

* **Etats de *déformation du massif* pour chaque cas de variation des caractéristiques de ressort :**

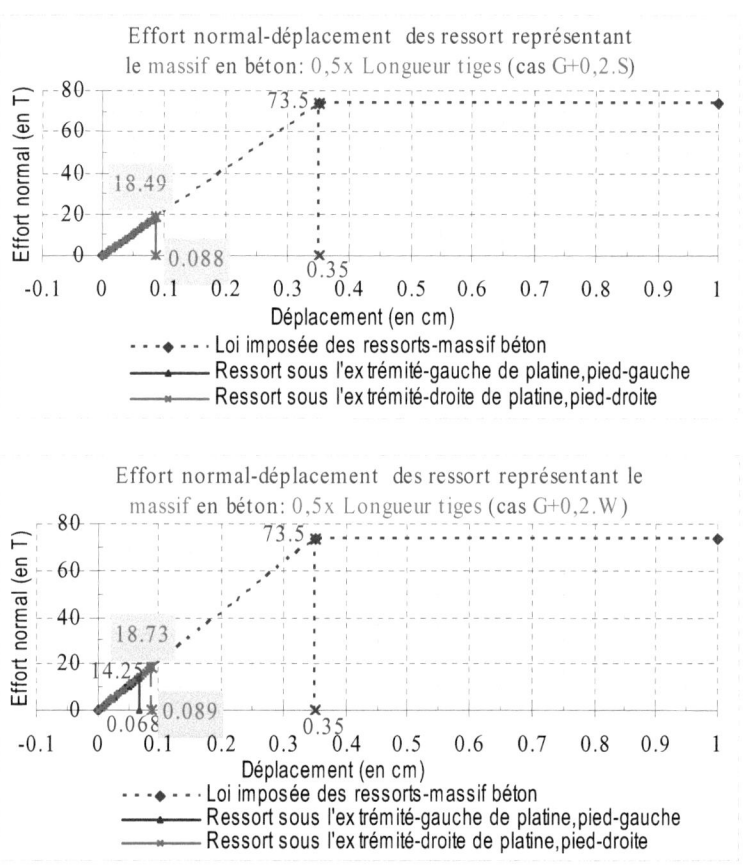

(Cas 2)

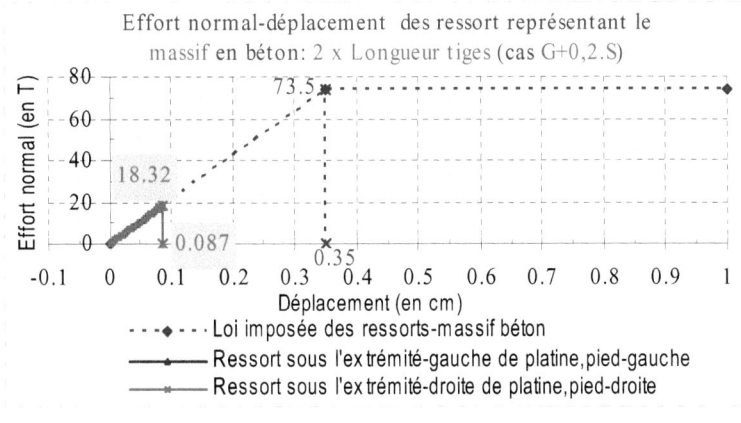

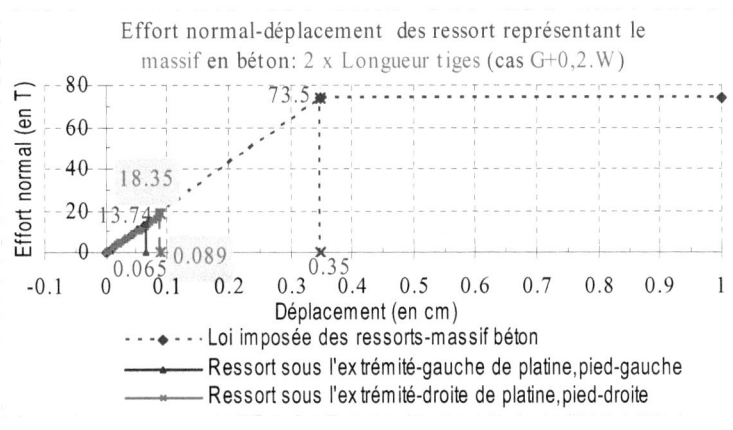

(Cas 3)

* **Etats des _tiges d'ancrage_ pour chaque cas de variation des caractéristiques de ressort :**

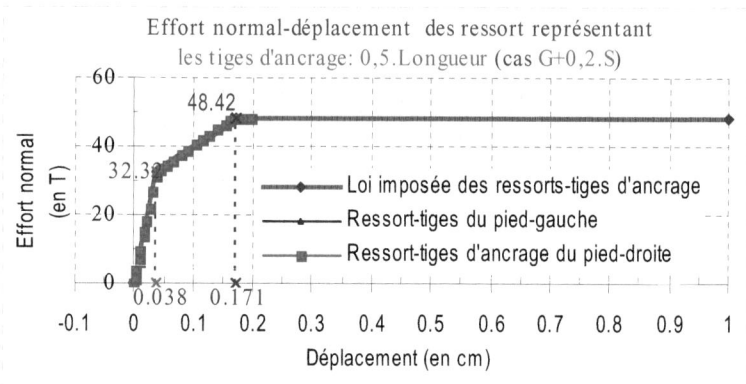

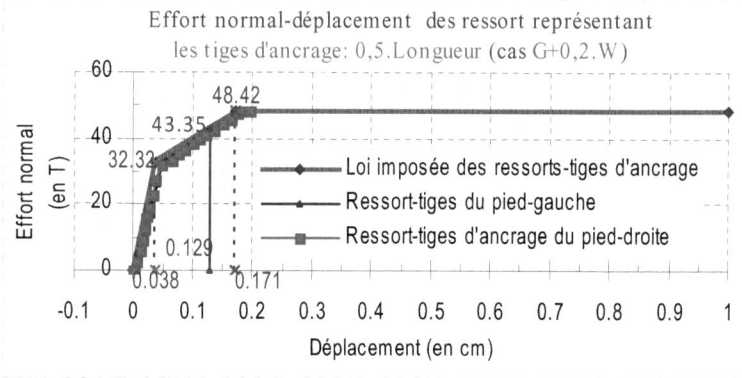

(Cas 2)

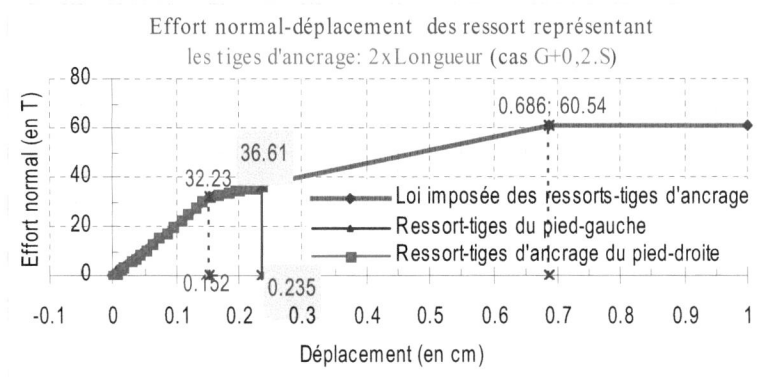

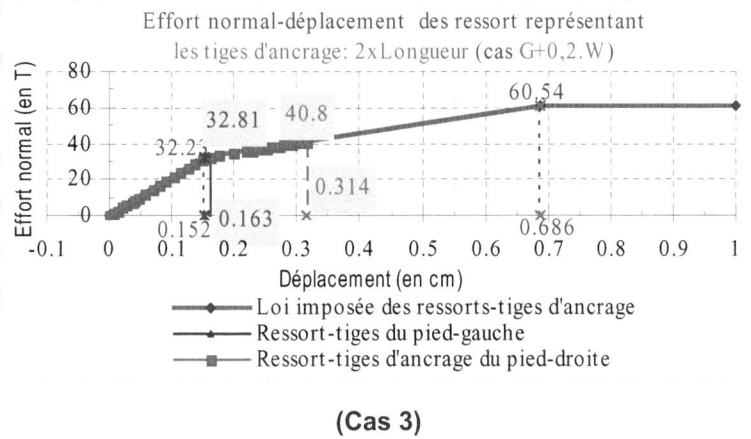

(Cas 3)

Donc, dans le cas de diminution de la longueur des tiges (**Cas 2**), la ruine des pieds de poteaux est par la ruine des tiges d'ancrage parce que la dimension des tiges prises pour la modélisation est celle dimensionnée à froid (la longueur des tiges est celle pour résister à l'effort normal au pied de poteau produis par tous les efforts mécaniques externes à froid).

* **Le comportement au feu du portique étudié pour chaque cas :**

cas 1:	Sans tige	cas 4:	Dtiges=20mm
cas 2:	0,5xLtiges	cas 5:	Dtiges=39mm
cas 3:	2xLtiges		

Evolution de déplacement horizontal DX-25 en fonction du temps (Cas G+0.2S)

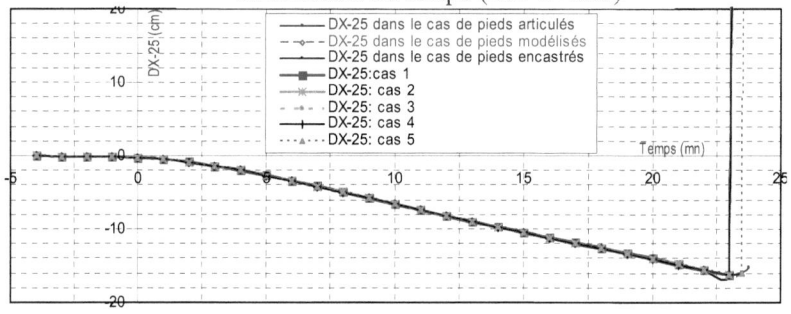

Evolution de déplacement horizontal DX-25 en fonction du temps (Cas G+0.2W)

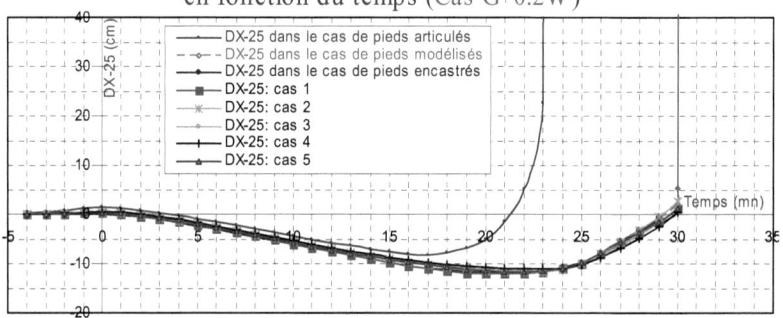

Evolution de déplacement horizontal DX-81 en fonction du temps (Cas G+0.2S)

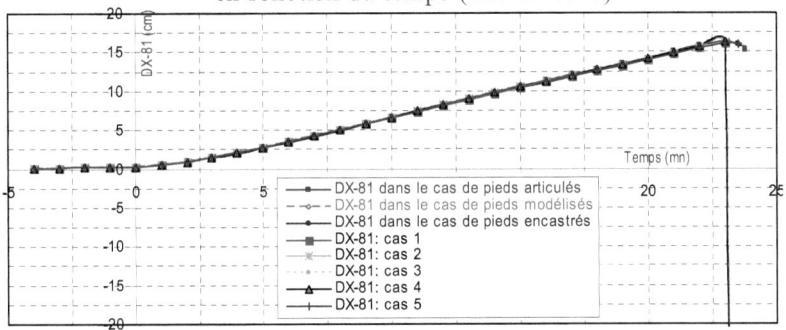

Evolution de déplacement horizontal DX-81 en fonction du temps (Cas G+0.2W)

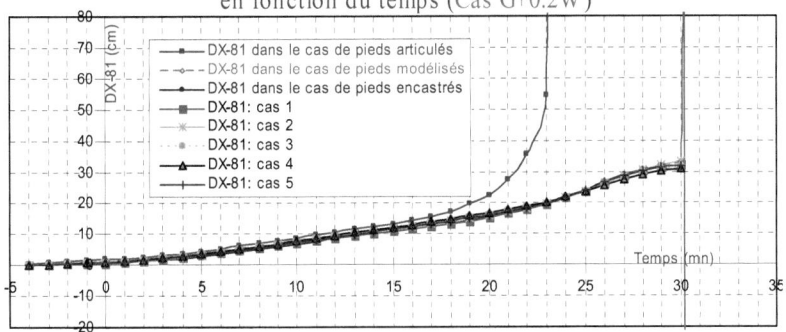

Evolution de déplacement vertical DZ-53 en fonction du temps (Cas G+0.2S)

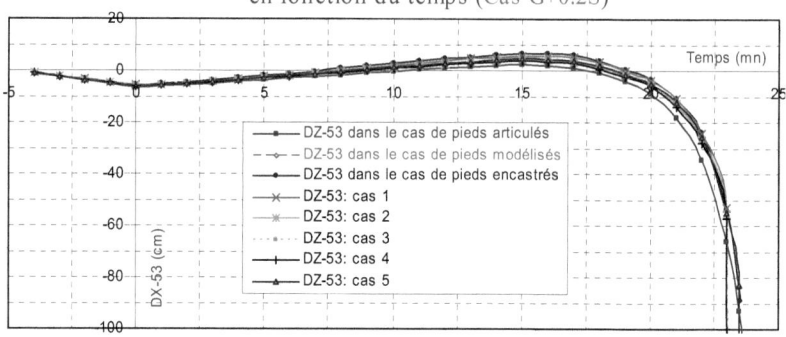

Evolution de déplacement vertical DZ-53 en fonction du temps (Cas G+0.2W)

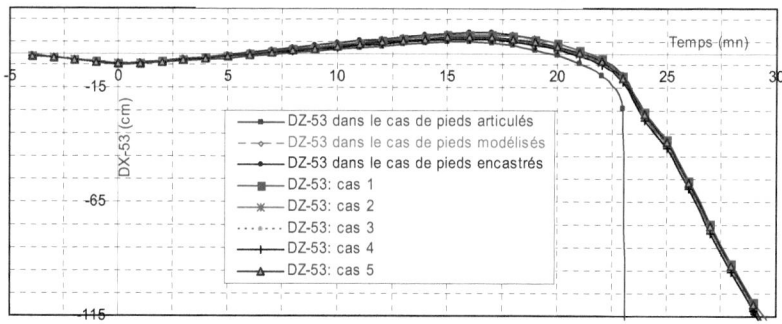

ANNEXE 4 :

LA NOTE DE VERIFICATION DES DIMENSIONS DU PIED DE POTEAU ARTICULE (POTARTX)

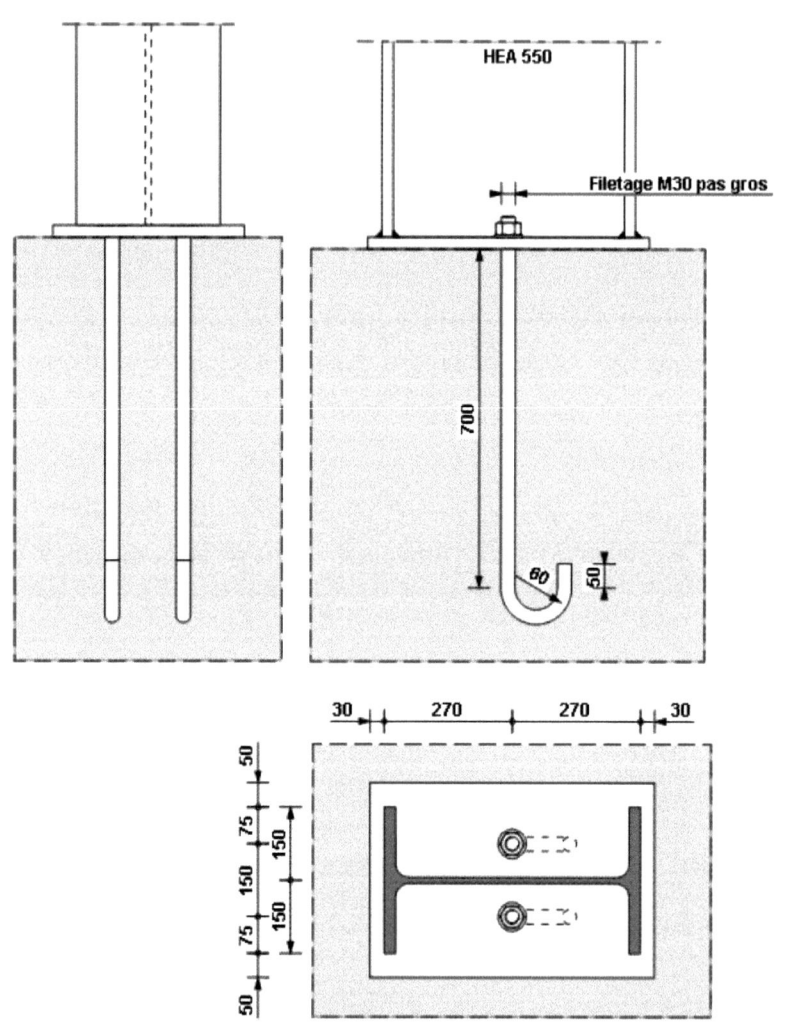

A. RECAPITULATIF DES DONNEES

❖ POTEAU
- **Profil HEA 550** h_c = 540 mm, t_w = 12,5 mm, b_c = 300 mm, t_f = 24 mm
- Section de calcul = 20550 mm²
- Limite d'élasticité = 23,5 daN/mm²

❖ PLATINE D'EXTREMITE
- **Dimensions** h_p = 600 mm, b_p = 400 mm, t_p = 25 mm
- Limite d'élasticité = 23,5 daN/mm²
- Liaison entre le poteau et la platine par soudures d'angle
  Sur l'âme $\quad a_w$ = 10 mm
  Sur la semelle a_f = 10 mm

❖ SANS BECHE

❖ ANCRAGE
- Tiges d'ancrage recourbées
  - Filetage M30 à pas gros $\quad$ As = 561 mm²
  - Classe de qualité 6.8 $\quad$ fyb = 42 daN / mm²
  - Barre lisse $\quad$ Ψ = 1

  - Longueur de la tige $\quad$ l_1 = 700 mm
  - Rayon moyen de la partie recourbée $\;$ r = 60 mm
  - Retour de la tige $\quad$ l_2 = 50 mm
- Espacement des tiges $\quad$ s = 150 mm

❖ FONDATION
- Caractéristiques du béton
  - Classe = C30
  - fc28 = 30 MPa
  - ft28 = 2,4 MPa
  - $\sigma_{\beta\chi}$ = 17 MPa

- Dimensions du massif et position de la platine
  b_b = 500 mm, h_b = 800 mm, $D_{b,\,min}$ = 50 mm, $D_{h,\,min}$ = 100 mm

❖ VALEURS MAXIMALES DE CALCUL DES ACTIONS AUX ELS
- N^{ELS} = 21490 daN
- θ_Γ = 0,001 rd

❖ VALEURS MAXIMALES DE CALCUL DES ACTIONS AUX ELU

○ **Efforts axiaux maximums et efforts tranchants concomitants**
$N_{c,max}^{ELU}$ = 30401,26 daN V_c^{ELU} = 0 daN
$N_{t,max}^{ELU}$ = 30401,26 daN V_t^{ELU} = 0 daN

○ **Efforts tranchants maximums et efforts axiaux concomitants**
$V_{c,max}^{ELU}$ = 0 daN N_c^{ELU} = 30401,26 daN
$V_{t,max}^{ELU}$ = 0 daN N_t^{ELU} = 30401,26 daN

B. VERIFICATIONS

Suivant "**LES PIEDS DE POTEAUX ARTICULES EN ACIER**"de Yvon Lescouarc'h - Collection CTICM

❖ B.1. VERIFICATION PRELIMINAIRE

♦ **VALIDITE DE L'ARTICULATION**

○ **Condition:** 1.5x0,001x600 = 0,9 ≤ 3 mm   Ok !

○ **Condition:** 1,5x0,001x21490x0,54 = 17,41 < 150 m.daN   Ok !

❖ B.2. VERIFICATION AUX EFFORTS DE COMPRESSION

♦ **PRESSION SUR LE MASSIF EN BETON**

○ **Pression moyenne**
p_{moy} = 10x30401,26/(400x600) = 1,27 MPa

○ **Pression localisée**
Les surfaces sont concentriques
K = 1-(3-400/500-600/800)[(1-400/500)(1-600/800)]$^{1/2}$ = 1,32
p_a = 1,32x17/2 = 11,22 MPa

○ **Vérification de la pression**
1,27 ≤ 11,22 MPa   Ok !

♦ **PLATINE D'EXTREMITE**

○ **Zones non raidies de la platine**

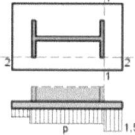

M_{11} = 1,5x30401,26(0,6-0,54)²/(8x0,6) = 34,2 m.daN
M_{22} = 30401,26(0,4-0,3)²/(8x0,4) = 95 m.daN
M_{11}^e = 1,185x23,5x0,4x25²/6 = 1160 m.daN
M_{22}^e = 1,185x23,5x0,6x25²/6 = 1740 m.daN

Condition: M_{11} ≤ M_{11}^e soit 34,2 ≤ 1160 m.daN   Ok !
Condition: M_{22} ≤ M_{22}^e soit 95 ≤ 1740 m.daN   Ok !

○ **Zones raidies de la platine**

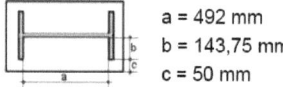

a = 492 mm
b = 143,75 mm
c = 50 mm

● M_1 = 0,5x0,127x50² = 158,8 m.daN/m

- M_2

  TABLEAU III - Moment M_2 d'après Lescouarch'

b/a	0	0,2	0,3	0,4	0,5	0,6	0,8	1	1,2
$\frac{M_{max}}{p.a^2}$	0	0,002	0,004	0,016	0,029	0,045	0,075	0,097	0,111
b/a	1,5	2	3	∞					
$\frac{M_{max}}{p.a^2}$	0,123	0,131	0,133	0,133					

  b/a = 0,292
  $M_{max}/(pa^2)$ = 0,00384
  M_2 = 0,00384x0,127x492²
  = 118 m.daN/m

- M_3

  TABLEAU IV - Moment M_3 d'après Lescouarch'

(b+c)/a	0	0,1	0,2	0,3	0,4	0,5	0,6	0,7	0,8	0,9
$\frac{M_{max}}{p.a^2}$	0	0,011	0,024	0,042	0,061	0,080	0,094	0,104	0,111	0,115
(b+c)/a	1	1,2	1,5	∞						
$\frac{M_{max}}{p.a^2}$	0,119	0,122	0,124	0,125						

  (b+c)/a = 0,394
  $M_{max}/(pa^2)$ = 0,0599
  M_3 = 0,0599x0,127x492²
  = 1841 m.daN/m

- M_e = 1.185x23,5x25²/6 = 2901 m.daN/m

  Condition: Max{M_1; 0,8M_2; 0,8M_3} ≤ M_e soit 1472,8 ≤ 2901 m.daN/m   Ok !

◆ **SOUDURES DU POTEAU SUR LA PLATINE**

Nuance de l'acier la plus faible → S235 → k = 0,7

○ **Soudure des semelles**

$N_{c,f}$ = 30401,26x300x24/20550 = 10650 daN
$\sigma_{\omega,\phi}$ = 0,7x10650x2$^{1/2}$/[10x(2x300-12,5)] = 1,79 daN/mm²
Condition: $\sigma_{\omega,\phi} \leq f_y$ soit 1,79 ≤ 23,5 daN/mm²   Ok !

○ **Soudure de l'âme à la compression seule**

Sous $N_{c,w}$ seul soit: $N_{c,w}$ = 30401,26x492x12,5/20550 = 9098 daN
$\sigma_{\omega,\omega}$ = 0,7x9098x2$^{1/2}$/(2x10x492) = 0,92 daN/mm²
Condition: $\sigma_{\omega,\omega} \leq f_y$ soit 0,92 ≤ 23,5 daN/mm²   Ok !

❖ **B.3. VERIFICATION AUX EFFORTS DE TRACTION**

◆ **PLATINE D'EXTREMITE**

a/c = 492/(150-12,5) = 3,58

b/c = (300-12,5)/(150-12,5) = 2,09
Suivant l'abaque 1: P_u^{enc} / M_e = 9,47
Suivant l'abaque 2: P_u^{art} / M_e = 9,47
$P_u^{réel}$ / M_e = 9,47+(24/25)²(9,47-9,47) = 9,47
$P_u^{réel}$ = 9,47x2901 = 27470 daN
Condition: 30401,26 ≤ 2x27470 = 54940 daN   Ok !

- **AME DU POTEAU**

    d' = (150-12,5)/2 = 68,75 mm
    σ_ω = 30401,26/(12,5xπx68,75) = 11,26 daN/mm²
    Condition: $\sigma_\omega \leq f_y$ soit 11,26 $\leq$ 23,5 daN/mm² Ok !

- **SOUDURES DU POTEAU SUR LA PLATINE**

    - **Soudure de l'âme à la traction seule**
    $N_{t,w}^{ELU}$ = 30401,26 daN
    $\sigma_{\omega,\omega}$ = 0,7x30401,26x2$^{1/2}$/(2xπx10x68,75) = 6,97 daN/mm²
    Condition: $\sigma_{\omega,\omega} \leq f_y$ soit 6,97 $\leq$ 23,5 daN/mm² Ok !

    - **Soudure des semelles**
    Toute la traction est reprise par l'âme (voir ci-dessus)

- **TIGES D'ANCRAGE**

    - **Résistance à la traction seule**
    $N_{t,adm}$ = 561x42/1.25 = 18850 daN
    Condition: 30401,26 $\leq$ 2x18850 = 37700 daN Ok !

    - **Adhérence des tiges**
    Contrainte d'adhérence τ_σ^- = 0,6x1²x2,4 = 1,44 MPa
    N_j^{max} = πx30x0,144x(700+10x60-5x30) = 15610 daN
    Condition: 30401,26 $\leq$ 2x15610 = 31220 daN Ok !

❖ **B.4. VERIFICATION AUX EFFORTS NORMAUX ET TRANCHANTS**

    Pas de valeur d'effort tranchant fournie

C. CONCLUSIONS

Le pied de poteau satisfait à toutes les conditions de résistance.

Oui, je veux morebooks!

i want morebooks!

Buy your books fast and straightforward online - at one of world's fastest growing online book stores! Environmentally sound due to Print-on-Demand technologies.

Buy your books online at
www.get-morebooks.com

Achetez vos livres en ligne, vite et bien, sur l'une des librairies en ligne les plus performantes au monde!
En protégeant nos ressources et notre environnement grâce à l'impression à la demande.

La librairie en ligne pour acheter plus vite
www.morebooks.fr

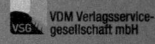
VDM Verlagsservicegesellschaft mbH
Heinrich-Böcking-Str. 6-8   Telefon: +49 681 3720 174   info@vdm-vsg.de
D - 66121 Saarbrücken   Telefax: +49 681 3720 1749   www.vdm-vsg.de

Printed by Books on Demand GmbH, Norderstedt / Germany